网页色彩
搭配宝典

COLOR

唯美映像◎编著

清华大学出版社

北 京

内 容 简 介

本书是一本全面讲解网页设计和色彩搭配设计的图书,共分8章,分别为"网页设计知识""色彩基础知识""网页设计的制作流程""网页设计的原则与配色""网页设计的常见风格""不同类型的网页设计""网页的色彩情绪"和"新潮的网页设计方案"。第1、2章为网页设计基础知识和基本的色彩理论,是必学知识;第3、4章为网页设计的流程以及网页设计的原则,为后面章节做铺垫;第5~7章介绍了网页设计的常见风格、常见网页类型以及网页设计中的色彩情绪;第8章为新潮的网页设计方案,带领读者剖析当今流行的优秀网页设计的原理与思路。

本书章节安排合理、理论扎实、案例精彩,全书使用了"色彩印象""支一招""常用配色方案"等特色模块,方便读者学习使用。书中有大量的国内外优秀网页设计作品赏析和潮流设计方案,可拓宽读者的设计思路。

本书是网页设计师、淘宝美工、网店店主必备的速查工具书籍,可作为各大培训机构、公司的理论参考用书,也可作为各大、中专院校的网页设计专业书籍。本书既可以当作工具书查阅使用,也可以当作参考书赏析使用。

图书在版编目(CIP)数据

网页色彩搭配宝典/唯美映像编著.—北京:清华大学出版社,2018
ISBN 978-7-302-50564-8

Ⅰ.①网… Ⅱ.①唯… Ⅲ.①网页 – 设计 – 配色 Ⅳ.①TP393.092

中国版本图书馆CIP数据核字(2018)第141048号

责任编辑:杨静华
封面设计:李志伟
版式设计:楠竹文化
责任校对:赵丽杰
责任印制:杨 艳

出版发行:清华大学出版社
   网 址:http://www.tup.com.cn, http://www.wqbook.com
   地 址:北京清华大学学研大厦A座   邮 编:100084
   社 总 机:010-62770175   邮 购:010-62786544
   投稿与读者服务:010-62776969, c-service@tup.tsinghua.edu.cn
   质量反馈:010-62772015, zhiliang@tup.tsinghua.edu.cn
印 装 者:北京博海升彩色印刷有限公司
经 销:全国新华书店
开 本:185mm×260mm 印 张:13.75 字 数:314千字
版 次:2018年8月第1版   印 次:2018年8月第1次印刷
印 数:1~3500
定 价:69.80元

产品编号:064050-01

前言
PREFACE

《网页色彩搭配宝典》是一本针对网页设计和色彩搭配设计的参考书。本书注重理论和实践相结合，不但有大量优秀作品的分析和点评，还有手动调整配色的特色章节。通过对本书的学习，希望读者朋友可以快速了解网页设计和色彩搭配设计的思路，并通过大量的优秀经典案例获得宝贵的设计经验。

本书共分8章，具体内容如下。

第1章为"网页设计知识"，包括网页设计基础、网页设计界面、网页设计主题分析、网页设计布局类型和网页的潮流元素几个方面。

第2章为"色彩基础知识"，包括色彩属性、色环和色彩对比3个部分。

第3章为"网页设计的制作流程"，讲解了网页的基本结构和网页设计的基本步骤。

第4章为"网页设计的原则与配色"，包括网页设计的统一原则、对比原则、协调原则、突出原则、个性原则、实用原则以及分割原则。

第5章为"网页设计的常见风格"，讲解了扁平化设计风格、3D设计风格、极简设计风格、全屏设计风格、瀑布流设计风格、标准化设计风格等多种常见的网页设计风格。

第6章为"不同类型的网页设计"，介绍了商业企业、综合购物、影视娱乐、教育文化、多媒体数码、产品类网站等多种常见类型的网页。

第7章为"网页的色彩情绪"，介绍了网页色彩的冷与暖、轻与重、柔与硬、前进与后退、标准与个性、平淡与刺激等多种常见的色彩情绪。

第8章为"新潮的网页设计方案"，本章针对多个采用近年来流行风格制作的优秀网页设计作品进行剖析，带领读者了解当今流行的优秀网页设计的思路与原理。

本书主要由唯美映像组织编写，瞿颖健、曹茂鹏参与了本书的主要编写工作。另外，由于本书工作量较大，以下人员也参与了本书的编写和资料整理工作，他们是柳美余、李木子、葛妍、曹诗雅、杨力、王铁成、于燕香、崔英迪、董辅川、高歌、韩雷、胡娟、矫雪、鞠闯、李化、瞿玉珍、李进、李路、刘微微、瞿学严、马啸、曹爱德、马鑫铭、马扬、瞿吉业、苏晴、孙丹、孙雅娜、王萍、杨欢、曹明、杨宗香、曹玮、张建霞、孙芳、丁仁雯、曹元钢、陶恒兵、瞿云芳、张玉华、曹子龙、张越、李芳、杨建超、赵民欣、赵申申、田蕾、仝丹、姚东旭、张建宇、张芮等，在此一并表示感谢。由于时间仓促，加之水平有限，书中难免存在错误和不妥之处，敬请广大读者批评和指正。

目录

第 1 章　网页设计知识

1.1　网页设计基础 ……………………… 3
  1.1.1　网页的相关概念 ………………… 3
  1.1.2　网页界面设计的特点 …………… 4

1.2　网页设计界面介绍 ………………… 5

1.3　网页设计主题分析 ………………… 6
  1.3.1　网页需求分析 …………………… 7
  1.3.2　网页建设策划 …………………… 7

1.4　网页设计布局分类 ………………… 7
  1.4.1　骨骼型 …………………………… 8
  1.4.2　对称型 …………………………… 9
  1.4.3　曲线型 ………………………… 10

1.4.4　满屏型 …………………………… 11
1.4.5　倾斜型 …………………………… 12
1.4.6　分割型 …………………………… 13
1.4.7　自由型 …………………………… 14
1.4.8　焦点型 …………………………… 14

1.5　网页的潮流元素 …………………… 15
  1.5.1　纹理 ……………………………… 15
  1.5.2　混合字体 ………………………… 16
  1.5.3　半透明 …………………………… 17
  1.5.4　矢量插画 ………………………… 18
  1.5.5　三维 ……………………………… 18
  1.5.6　边框 ……………………………… 19

第 2 章　色彩基础知识

2.1　色彩属性 …………………………… 23

2.2　色环 ………………………………… 24

2.3　色彩对比 …………………………… 26

第 3 章　网页设计的制作流程

3.1　认识网页的基本结构 ……………… 33
  3.1.1　网页的规格 …………………… 34
  3.1.2　网页的 LOGO …………………… 35
  3.1.3　顶部通栏 ……………………… 36
  3.1.4　网页文本 ……………………… 37
  3.1.5　图像的设计 …………………… 38
  3.1.6　文字的设计 …………………… 38

3.1.7　页眉和页脚 ……………………… 39
3.1.8　多媒体 …………………………… 40

3.2　网页设计的基本步骤 ……………… 41
  3.2.1　确定主题 ……………………… 42
  3.2.2　确定构图 ……………………… 43
  3.2.3　确定风格 ……………………… 44
  3.2.4　确定色彩搭配 ………………… 45

第4章 网页设计的原则与配色

4.1 统一原则 ··············· 48
   4.1.1 相似元素的规律排列 ········· 50
   4.1.2 内容与文字要相互统一 ······· 51

4.2 对比原则 ··············· 52
   4.2.1 矛盾和冲突 ·············· 54
   4.2.2 模块大小的对比 ··········· 55

4.3 协调原则 ··············· 56
   4.3.1 颜色协调 ··············· 58
   4.3.2 图形协调 ··············· 59

4.4 突出原则 ··············· 60
   4.4.1 使用颜色的进退感突出内容 ···62

4.4.2 使用放大图形的方法突出主体内容 ······ 63

4.5 个性原则 ··············· 64
   4.5.1 立体感 ················· 66
   4.5.2 特殊的构成方式 ··········· 67

4.6 实用原则 ··············· 68
   4.6.1 清晰地展现页面内容 ········ 70
   4.6.2 合理搭配颜色 ············ 71

4.7 分割原则 ··············· 72
   4.7.1 使用色彩进行页面分割 ······· 74
   4.7.2 使用模块进行页面分割 ······· 75

第5章 网页设计的常见风格

5.1 扁平化设计风格 ········· 78
   5.1.1 颜色的高饱和度 ··········· 80
   5.1.2 以简约为基础 ············ 81

5.2 3D 设计风格 ··········· 82
   5.2.1 生动地展现产品 ··········· 84
   5.2.2 点、线、面结合的 3D 效果 ···· 85

5.3 极简设计风格 ··········· 86
   5.3.1 用图讲故事 ·············· 88
   5.3.2 形的构思 ··············· 89

5.4 全屏设计风格 ··········· 90
   5.4.1 合理的文字布局 ··········· 92
   5.4.2 使用高清的图片 ··········· 93

5.5 瀑布流设计风格 ········· 94
   5.5.1 多行多列的布局方法 ········ 96

5.5.2 无限加载的网页内容 ········· 97

5.6 标准化设计风格 ········· 98
   5.6.1 完善的布局 ············· 100
   5.6.2 清晰的显示内容 ·········· 101

5.7 个性化设计风格 ········ 102
   5.7.1 大胆的色彩搭配独具个性 ···· 104
   5.7.2 独特的页面布局和个性文字 ·· 105

5.8 矢量化设计风格 ········ 106
   5.8.1 矢量化更能表现细节 ······· 108
   5.8.2 矢量化表现立体感 ········· 109

5.9 复古化设计风格 ········ 110
   5.9.1 复古给人一种特殊的情感 ···· 112
   5.9.2 复古是一种回忆 ·········· 113

第6章　不同类型的网页设计

6.1　商业企业 ················· 116
　6.1.1　有正式感的布局模式 ··········118
　6.1.2　模块清晰化 ················119

6.2　综合购物 ················· 120
　6.2.1　回到首页功能 ··············122
　6.2.2　模块分类明确 ··············123

6.3　影视娱乐 ················· 124
　6.3.1　构图个性突出重点 ··········126
　6.3.2　吸引视觉注意力 ············127

6.4　教育文化 ················· 128
　6.4.1　布局整洁舒适 ··············130
　6.4.2　使用图片展示重点内容 ······131

6.5　多媒体数码 ··············· 132
　6.5.1　颜色的神秘性表现出产品的特性 ···134
　6.5.2　使用立体感全方位地展示 ·······135

6.6　产品类网站 ··············· 136
　6.6.1　图文并茂的模块布局 ··········138
　6.6.2　使用产品本身的特性生动表示产品 ···139

6.7　休闲生活类网页 ··········· 140
　6.7.1　使用图片生动描写内容 ········142
　6.7.2　使用个性的构图模式 ··········143

6.8　个人主页 ················· 144
　6.8.1　适合自己的风格 ············146
　6.8.2　侧重表现个人信息内容 ········147

第7章　网页的色彩情绪

7.1　网页色彩的冷与暖 ········· 150
　7.1.1　冷暖色调的对比 ············152
　7.1.2　根据不同产品设置相应的冷暖搭配 ···153

7.2　网页色彩的轻与重 ········· 154
　7.2.1　网页色彩的轻颜色表现出的效果 ···156
　7.2.2　根据颜色的重量感制造层次 ·····157

7.3　网页色彩的柔与硬 ········· 158
　7.3.1　使用柔性色彩可以使人心情愉悦 ···160
　7.3.2　色彩柔与硬的结合 ··········161

7.4　网页色彩的前进与后退 ····· 162
　7.4.1　使用色彩的前进与后退突出重点内容 ···164
　7.4.2　打造空间感 ················165

7.5　网页色彩的标准与个性 ····· 166
　7.5.1　使页面更具熟悉感 ··········168

7.5.2　使用产品的颜色进行个性化表达 ·····169

7.6　网页色彩的平淡与刺激 ········· 170
　7.6.1　缓和视觉冲击 ················172
　7.6.2　面积的大小影响视觉的感受 ·······173

7.7　网页色彩的朴实与华贵 ········· 174
　7.7.1　点缀色展现页面的华贵感 ·······176
　7.7.2　纯度低的颜色展现页面的朴实感 ···177

7.8　网页色彩的古朴与青春 ········· 178
　7.8.1　中纯度、中明度的搭配给人一种古朴
　　　　 的感觉 ······················180
　7.8.2　鲜艳的色彩搭配给人一种青春活力的
　　　　 感觉 ························181

7.9　网页色彩的兴奋和沉静 ········· 182
　7.9.1　暗色调制造出来的沉静感觉 ·······184

　7.9.2　明度高的颜色给人一种兴奋的感觉……185

7.10　网页色彩中的男性与女性………186

　7.10.1　灰色展现出男性理智稳重的气质……188

　7.10.2　红色系可展示女性的柔美………………189

第 8 章　新潮的网页设计方案

方案 1：扁平化的极简主义风潮………191

方案 2：错位排版的网页布局………192

方案 3：以互动图表的方式展示信息内容…193

方案 4：以光效和质感装饰的网页……194

方案 5：网格化和几何图形化的设计趋势…195

方案 6：使用炫酷文字吸引视觉注意…196

方案 7：使用"幽灵"效果实现简约美…197

方案 8：黑白灰的主体设计配色………198

方案 9：鼠标移动产生的视觉差效果…199

方案 10：去界面化的设计方法…………200

方案 11：一屏以内清晰地展示内容……201

方案 12：隐藏的导航栏模式…………202

方案 13：现代复古风格的网页设计……203

方案 14：细节个性十足的炫酷网页……204

方案 15：小清新的视觉感受…………205

方案 16：使用细小的部分展现网页特色…206

方案 17：非常大胆的空间留白…………207

方案 18：滚动浏览的网页设计…………208

方案 19：背景以大图趋小的方式搭配设计感文字………………209

方案 20：用强弱对比展示信息重点……210

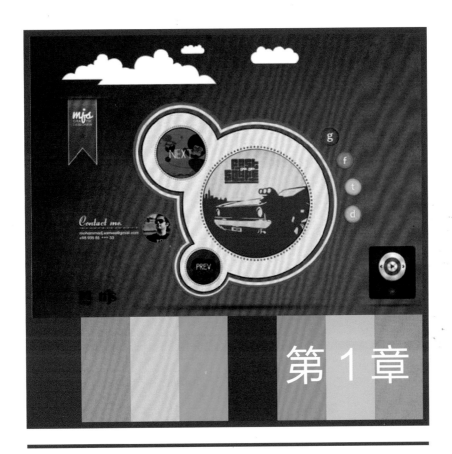

第 1 章

网页设计知识

网页是企业向用户提供信息（包括产品和服务）的一种方式，是企业开展电子商务的基本设施和信息平台。企业希望通过网页向浏览者传递信息，需要先进行网站功能策划，然后再进行页面的美化工作。

　　想要顺利进行网页设计，我们需要掌握多种知识，除了会使用一些相关的网页制作软件之外，还要掌握网页的设计风格、基本原则、颜色搭配等，这样才能使我们在进行网页设计时得心应手。

1.1　网页设计基础

对于网页来讲，最基本也是最重要的还是信息内容本身。信息的品质和数量决定了人们对这个网页的评价是高还是低。因此在进行网页设计时，首先应该想到的就是如何将阅读者顺利引向信息内容。所以在设计时我们要秉承明确划分信息群、不让读者产生困惑感并使之迅速找到所需信息的理念，这是网页设计的首要任务。

1.1.1　网页的相关概念

网页设计是一种建立在新型媒体上的新型设计。它具有很强的视觉效果、互动性、互操作性、受众面广等其他媒体所不具有的特点，它是区别于报刊、影视的一种新媒体，既拥有传统媒体的优点，又使得传播变得更为直接、省力和有效。如果能将图形引入网页设计中，则更能增加人们浏览网页的兴趣。在崇尚鲜明个性与风格的今天，网页设计势必应增加个性化元素。

打开一个网站，首先进入浏览者视线的就是主页。网站的主页就是我们通常说的首页。这是一个网页的起始点和汇总点，是访问一个网页开始的地方，它对一个网页的主要内容、各种信息起到了向导的作用。

超链接也是一个网页的重要组成部分，它是一个网页指向另一个目标网页的连接接口，它是一种允许我们同其他网页或站点之间进行连接的元素。我们可以使用形状和文字作为网页链接的入口。

网页设计是将技术性和艺术性融为一体的创造性活动。在设计时我们要提高网页的视觉冲击力以达到快速传递信息的目的。

相对于其他设计来讲，网页设计除了文字和图像以外，还包含声音、视频和动画等新型多媒体元素，有时还会借助程序来增加一些互动效果，从而提升网页界面的生动性。

除了以上一些特殊的特点之外，网页界面设计还包括基本的图形和版面设计、文字等。

图形和版面关系到浏览者对网页的第一印象，图像应集中反映主页所期望的主要信息。图片大小是影响网页下载速度的重要因素，配色是影响网页效果的重要因素，不同的配色效果给人的感觉也会不同。

再者文字的可读性也是十分重要的，我们要做到让文字尽量在页面上突出显示，周围也要留一定的空间，不要使页面过于饱满，影响阅读感受。另外，文字的颜色也很重要，不同的浏览器会有不同的显示效果，要根据不同的设计设置合适的文字颜色，使其清晰地展示在人们的视线中。

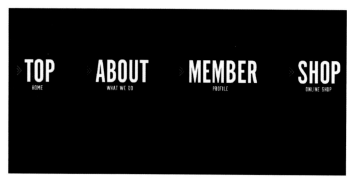 

因为人们的阅读习惯通常为从左到右或从上到下，所以作为网页主要的导航栏，放置在页面的左边或上边，对于较长的页面来说都是方便浏览者使用的。

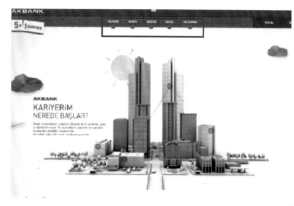 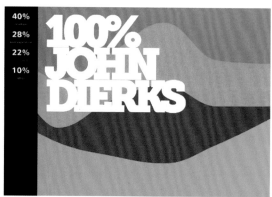

1.2　网页设计界面介绍

网页设计的界面就是对网页内容的布局和规划，网页的结构不仅会直接影响页面给用户带来的直观感受和体验，而且还在一定程度上影响网站的美观性及页面被收录的数量。

标题：网页的标题就是对一个网页的高度概括，网站首页的标题就是网站的正式名称，文章中的标题就是文章的题目，栏目首页的标题就是栏目名称。根据不同的网页，标题会有一定的变化，但是仍然会遵照这种规律。

导航栏：导航栏是构成网页的重要元素之一，是网页频道入口的集合区域，相当于网页的菜单。

标志：标志是各个网页用来与其他网页链接的图形标志，也是网页给人留下深刻印象的标识。

页眉：页眉在网页中占用顶边距，显示在正文内容上方，主要作为导航栏、标题的一部分，其大小可以根据情况相应地进行调整。

主体内容：主体内容就是使用图片、文字或其他形式来将页面中的信息展示出来。

页脚：页脚位于网页中的底部，在正文内容以下，主要用于插入时间、日期、单位名称等信息。

通过上述内容的介绍我们大概了解了网页设计中界面的基本构成，可以根据不同网页的需要设置相应的模块，不能一味地追求格式，局限了思想。

1.3　网页设计主题分析

网页设计的主题要尽量符合产品宣传的方式，要与传达的内容和信息相得益彰。网页设计的主题分析主要是网站的需求分析和建设策划。因为不同产品的宣传重点不同，所以针对不同的网站，我们在设计前需要做一个系的分析，分析出网站的表现方式、要具备的功能、需要的内容材料，同时图片要准备齐全，这样在设计时才能得应手，设计出一个宣传力强的网页。

网页的主题可以使用大小对比、颜色突出、模块指引等方式并结合网页的设计风格表现出来，对于主题的择，要做到"定位小，内容精"。

大与小的对比表现方式可以使网页的内容有主次之分，也可以使人们自然而然地形成一种阅读顺序。

使用颜色突出的方法突出主题，可以使整个页面富有生气。使用颜色对比的方法有很多，我们可以充分利用色的各种特性来对页面进行色彩搭配，从而突出重点的信息内容。

模块指引就是指网页分类布局形成的模块，可以利用模块构成模式来对用户的阅读顺序做一定的指引，起到引导阅读的作用。

1.3.1　网页需求分析

在网页制作中我们会根据产品的宣传需求来对网页进行设计，在设计过程中为了增加宣传效果，我们需要更多的功能和性能来满足网页内容信息的宣传。

功能需求表现为一些管理功能、统计功能、支付功能、订单功能等。这些功能可以方便浏览者的使用和发布者的统计工作。

性能需求表现为对网页的系统处理方面，例如网页的时间特性。

例如，在网页加载过程中时间要尽量短，也可以在等待页面设计一些有趣的动画来分散人们等待的注意力。

1.3.2　网页建设策划

我们通过一系列设计、建模和执行的过程将电子格式的信息通过互联网传输，最终以图形界面的形式被用户浏览。

简单的信息，如文字和图片等，都可以使用标识语言放置在网页上。而复杂的信息，如视频、音频等就需要插件来运行，同样它们也需要通过标识语言移植到网站内。

网页的建设工作包括很多环节，从一开始确定网页的整体风格，再到设计出独具创意的网页，包括了LOGO 设计、视觉流程设计、文字编排、图形设计和网页配色，这些环节都是作为网页建设的基础而存在的。

1.4　网页设计布局分类

网页的布局就是一种可以呈现给用户完美视觉感受的设计，优秀的视觉设计路径应该顺应从上到下、从左到右的用户阅读习惯，糟糕的设计会让用户无所适从，焦点到处都是，没有重点。

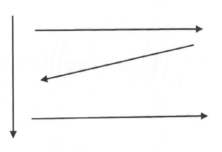

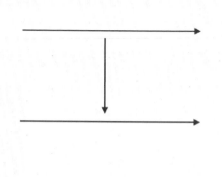

布局设计重点在于处理内容的主次关系，形状的大小、颜色、摆放的位置都会影响信息的重要与否。

1.4.1　骨骼型

骨骼型即类似于人体的骨骼结构。常见的骨骼有竖向的双栏、三栏、四栏和横向的通栏、双栏、三栏和四栏等。一般以竖向分栏为主。版式给人以和谐、理性的美。这样的布局方式使图片和文字在排列上比例很严格，给人一种和谐、严谨、稳定的阅读美感。

该作品中，骨骼型结构的上面主要是LOGO、导航栏，这样的布局模式也符合人们的阅读习惯。

图片大小要一致，给人一种对称的感觉，使得页面和谐、统一。

从上到下的阅读顺序，将页面中的内容一一展示给用户。

骨骼型的网页设计是一种规范、理性的分割方法。多种组合的模式，我们需要根据内容的功能来设计合适的布局模式，以清晰地展示内容信息。骨骼型用在相互混合的版式上，显得既理性富有条理，又活泼有弹性。

　　根据网页文字信息或图片信息的需要可以进行三栏展示，适当地更改模块的大小，保证页面布局的严谨性。

　　导航栏可以自立一行，从而清晰地展现在人们的视线中。

　　阅读这种骨骼型的布局方式时，大体上看都是从上到下的，这也符合人们的阅读习惯。

1.4.2　对称型

　　对称型布局是指网站有一个对称轴，有左右对称或上下对称两种形式。这样的网页可以向人们清晰地展示两种内容的划分。对称式的网页给人一种稳定、严谨、理性的感觉。采用这种对称的手法可以避免页面过于呆板。

　　可以利用颜色的对比，使页面更具视觉吸引力。

　　左右对称的文字给人一种干净、整洁的感觉，使页面看起来更加精致。

　　对称式的布局方式，可以使页面更具对比性。

　　整个页面通过对称的方式分为两部分，自由地按照合适的方式分配内容。这样的布局方式可以使页面中有图片的地方变得感性，有文案的部分变得理性。另外，对称式的分割线可做虚化处理，也可以在中间添加装饰，做缓和处理，从而使对称看起来不那么突兀。

　　使用上下对称的方式在满足人们阅读习惯的同时又起到了对比的作用，这样的页面有时也不一定要进行文字对比，可以通过颜色对比来吸引用户的注意力。

　　所谓对称可以是大体上的对称，适当地添加一些其他形状作为装饰，可以为呆板的画面增加几分趣味性。

　　对称式的网页设计给人一种整洁的感觉，在宣传网页时，模块要清晰地向人们展示信息内容。

1.4.3　曲线型

　　曲线型的网页设计是指版面通过线条、色彩、形体、方向等元素有规律地变化，将文字或图片做曲线的分割或编排，让人有一种轻快、活泼的视觉感受，有流动活跃感。

　　粉色代表柔美，与圆形搭配使页面的曲线美更加突出，让人感受到一种流畅的视觉效果。

　　曲线给人一种张力和动感，以及曲线特有的圆润。

　　曲线格局要尽量少地消耗页面空间，可以作为点缀出现。

　　曲线型的网页设计给人一种优美的律动感，比较适用于女性浏览者。曲线型不单可以作为图片的排版方式，也可以作为文字的排版方式，这样灵活的排版可以给人一种轻快的感觉，适合年轻人的口味。

使用圆形与矩形的结合，可使页面中的主体内容融合在一起，显示出别具一格的页面设计风格。

曲线型的布局需要占据的页面空间比较多，在文字上可以围绕着圆形的轮廓进行设计，这样能更有效地利用空间。

曲线格局有曲度、方向、宽窄、角度及色彩的概念，要根据网页的图片数量和内容多少进行合理的设计。

1.4.4 满屏型

满屏型布局方式主要是使用图片作为页面的背景，或使用其他形式使整个画面满版。这种形式的版式给人一种内容紧凑、表达充分的感觉。该方式可通过对图片、图形、文字等元素的设置，增强层次感。

使用大图片作为背景，清晰度很重要，清晰的图片可以形象地展示内容。有时也会适当地对图片进行模糊处理，从而突出文字内容。可根据不同需要设置相应的效果。

使用透明底作为文字的背景框，可以使页面更具空间层次感。

导航栏的颜色由灰色渐变到白色，使其与图片背景融为一体，整个页面衔接会显得不那么突兀。

满屏式的网页设计是一种优雅而直观的展示方式，能够在一瞬间点燃人们的好奇心，这样的布局使整个页面向人们传达出一种直观而强烈的视觉感受。

　　版面中的图片添加了滤镜效果，并做了一点模糊处理，使页面充满神秘感。

　　文字配置在图片上，并置于图片中间，突出了文字信息的内容。

　　满屏式的网页设计给人一种大方、舒展的感觉。

1.4.5　倾斜型

　　倾斜型的版面是指主题形象或多幅图像倾斜编排，造成页面强烈的动感和不稳定的因素，以吸引用户的视线。这种布局方法刻意打破了稳定的布局，使得文字和图像具有强烈的结构张力和视觉动感。

　　将倾斜感的形状与色彩相结合给人一种强烈的视觉冲击力。

　　朝不同方向的倾斜可以形成一种视觉差，给人一种立体感。

　　有倾斜感的网页相对垂直排版的页面来讲更显得炫酷，色彩与形状搭配使得页面更具艺术感。

　　大多数的网页都是竖直、水平的设计。倾斜的设计构图可将人们的注意力集中到不规则的图形上。另外，色彩和布局要做到恰如其分，可以使网页的导航变得更直观、简单。

　　倾斜的图片和文字编排，形成一种不稳定感和强烈的动感，引人注目。

　　为文字添加倾斜的阴影效果，可使整个页面充满立体感。

　　使用倾斜感的网页设计，斜中有序。

分割型的网页设计中各个元素分工明确、结构稳定、风格规整。一般按照一定的比例进行分割，或者按照一定比例进行编排配置，给人以严谨、和谐、理性的美感。版面中的各个部分又给人丰富多彩的视觉感受。

分割型的布局方式使整个页面被分为很多模块，清晰地展现出页面中的内容。

画面中的网格元素分配平衡，结构稳定，此风格给人一种结实的感觉。

这种分割式的网页设计给人一种严谨、和谐、理性的美。同时版面中图片的部分又给人一种有活力的感觉。

分割式的网页设计给人一种自然和谐的感觉，作为分割每个模块的分界线可以使用清晰的分割线，也可以将分割部分做虚化处理，使页面更加和谐，还可以通过调节图片和文案所占的面积来调节对比的强弱。

分割型的网页设计可以自由搭配图片和文字，使页面内容更和谐。

分割型网页设计的颜色搭配要给人和谐统一的感觉，让人觉得眼前一亮。

模块的大小可以展示信息内容的主次，这样的表达方法更直观。

13

01

网页设计知识

　　自由型的布局设计就是将页面的各个部分无规律、随意地编排，使其具有自由、轻快的感觉。各个部分的颜色、大小看似随意地分散布局，其实包含着精心的设计构思。

 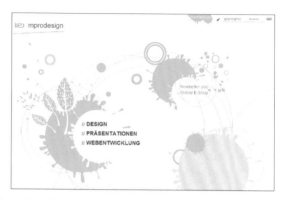

　　这种自由的页面布局虽容易使人视觉分散，但整个版面仍会给人一种统一、完整的感觉。

　　将文字和图片以自由的方式排版可让人感受到韵律与节奏感。

　　不规则的图形和布局会更加集中用户的视觉注意力。

　　采用自由型的排版方式要注意图像的大小、主次，要考虑每个元素的疏密和均衡所呈现的视觉效果。视点虽然分散，但要保持整个版面的完整性。

　　自由的排版可让整个网页的气氛轻快、富有活力，不会给人一种死板的感觉。

　　一些不规则的构图、形状给人一种动感，增强了网页的吸引力。

　　自由型的网页设计相对于其他的网页形式更具创意，通常会给人留下深刻的印象。

　　焦点型的网页排版将图片或文字置于页面的视觉中心。通过对浏览者视线的引导，可以使页面产生强烈的视觉效果，如聚焦感或膨胀感等。这种焦点型的布局方式分为中心焦点型、向心焦点型和离心焦点型。

视觉元素可引导浏览者的视线向页面中心聚拢，形成了一个向心的版式。

这种集中的、稳定的、活泼的布局手法更能引导浏览者的视线。

这样的布局有外向、活泼的效果，更具现代感。

焦点型的网页设计可以通过视线向页面中心聚拢，形成一个向心的版式。这样可以使页面集中而稳定，这是一种常见的表现手法，也可以引导浏览者的视线向外辐射，形成一种离心的版式效果，给人一种活泼的感觉，这样的布局也更具有现代感，但是运用时要注意避免凌乱。

颜色的深浅变化可使页面具有空间感。空间中元素复杂多样，给人一种将产品置于中间之上的感觉，突出了产品，吸引了读者的注意力。

使用浅色的背景可以给人一种愉悦的感觉，干净的背景突出了产品，强调了视线的焦点。

焦点型的网页设计可以直观地展示产品，不会因页面的内容繁多而造成阅读的枯燥感。

1.5 网页的潮流元素

潮流元素在网页设计中可以理解为一种艺术的表现形式，它可以是一种符号，甚至一幅图片等，可以用语言表达，也可以用视觉艺术表达，潮流元素可以应用在网页的点睛之处，也可以是贯穿网页始终的细节元素。

1.5.1 纹理

纹理是网页设计中非常有用的视觉元素，主要起点缀作用，使得页面看起来更加优雅时髦。如果纹理能和页面中的其他组成部分融合在一起，会使网页更加有吸引力。

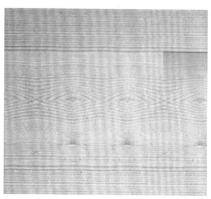

使用浅色木纹作为背景，给人一种完整、系统的感觉，同时米色的背景又给人一种愉悦的感觉。

纹理是装饰颜色的一种方法，可使得页面更加具有空间感。

这种纹理式的背景使得页面具有很强的节奏感，产生疏密、虚实、松紧的对比效果。

纹理有多种多样的形式，可以是生活中一些物品的纹理，也可以是使用几何图形组成的网格纹理等。我们可以根据网页产品的不同需要，对相应的背景进行纹理装饰。

使用线条组成纹理背景给人一的独特感，这样疏密有致的纹理设计使得页面具有空间上的延伸感。

纹理不一定是规范的图形，可以使用不同的纹路组成纹理，从而表现出一种带有层次的质感。

有时纹理不用置于有颜色的背景上，可根据情况直接使用在页面中。

1.5.2　混合字体

使用混合字体越来越成为网页设计的趋势，通过混合字体的个性化可突显网页的艺术感。

混合字体可以根据页面的主题设置多种颜色，这样不会使主体文字显得过于突兀。

通过抽象化的字体与页面中的主题元素结合在一起。

混合字体给人的感觉是独特的、记忆深刻的。

混合字体的样式可以根据网页的主题来设定，使字体与页面融为一体，给人独特感的同时又使页面和谐统一。

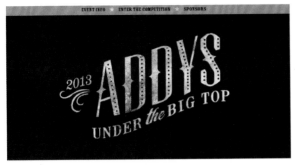 

使用文字和点结合，有一种文字被钉在页面上的感觉。

使用泼墨效果形成的字体，与页面文字性的主题契合，为页面增加了浓厚的文化气息。

混合字体有多种存在形式，可以与形状或其他主题元素相结合，一起阐述产品所具有的内容信息。

1.5.3 半透明

网页设计中的半透明设计就是将一些模块或文字做半透明处理，这种半透明效果可以使后面的内容透出，让网页的层次感更分明。

使用半透明的方式对模块进行适当的隐藏，让当前选中的内容信息重点显示。

半透明的模块可以使模块与背景完美融合在一起。

半透明的设计还可以为网页增加一定的对比性，通过色块、图片上清晰的文字来为页面创造视觉焦点。

可以使用重叠的方式同时将两种元素展示在用户眼前，方便用户直观地观察网页中的所有内容。同时，半透明也是一种艺术手法，打造出对比强烈的视觉感，令人震撼。

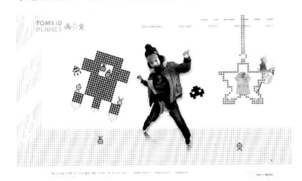 

在抽象的图形上使用半透明效果，使人印象更加深刻。

使用大图片展示信息内容时可以使用透明的模块作为文字展示的背景，这样可以使页面和谐、统一。

半透明是网页设计中拓展设计技巧的一个绝妙的方法。

1.5.4 矢量插画

将矢量插画添加到网页设计中可以使页面更具艺术感，也有种贴近生活的感觉，画面会显得更加随和。

这种带有手绘风格的网页设计让人倍感亲切，使用一种人性化的方式表达了设计者的设计理念。

手绘风格的使用让网页信息形成一种相对集中的呈现，可让人清晰完整地阅读页面。

这样的网页设计充满着人文关怀气息，让人有一种安定、愉悦之感。

矢量插画是一种常见的设计风格，其配色有利于展示人性色彩，能给用户带来最真实的视觉感受。少了一些程序化的存在，是一种人与人之间全新的沟通途径。

在页面中添加低纯度的插画，不仅丰富了页面内容，还装点了整个版面。

在简单的网页中添加插画作为点缀，可以拉近与人之间的距离感。

配有插画的网页传递给人一种亲和感，舒适的线条和颜色搭配吸引了用户的视觉注意力。

1.5.5 三维

带有三维元素的网页设计可以使人们全面地了解一款产品，在一些产品需要全面展示形象的时候，可以大大加深人们的印象，同时这样的表现形式更能吸引人们的注意力。网页设计中的三维与二维页面是密不可分的，可以使用二维页面衬托出三维页面，二者互相补充。

　　使用三维的元素作为产品或主题的主旨信息展示，可以给人很强的视觉印象。

　　这种三维效果的网页极具感染力，会引起访问者更多的好奇心。

　　随着网页设计需求越来越多，我们需要将三维的表现形式广泛利用起来，可以用来模拟三维空间，增强网页的交互性和娱乐性。

　　使用二维和三维相结合是网页设计中常见的表现方法，二维负责文字说明，三维负责产品展示，可全面表达想要宣传的信息内容，使得用户印象深刻。

　　当用户第一眼看到这样的三维展示效果时就会留下很深刻的视觉印象。

　　三维元素可以更有效、更全面地通过多个维度展示产品信息。

　　在有些网页中，可以通过鼠标的点击、拖动来展示其信息内容，这样身临其境的操作可更吸引人们的阅读兴趣。

1.5.6　边框

　　网页设计的边框指模块上的边框，装饰边框可起到吸引人注意力的效果。有些设计师喜欢使用简单的边框来作为网页的布局分割，当然这也是一种流行趋势，但是我们这里要说的是根据不同的宣传手法和不同的设计风格，可以适当地对网页中的模块进行相应的装饰，从而达到贴合主题、吸引眼球的效果。

对于复古的网页我们可以使用褶皱的边框效果，使模块所展示的信息更具年代感。

也可以根据网页的主题做相应的边框设计，如学习类的网页，可以使用书本作为模块的造型。

太过复杂的边框会让人眼花缭乱，影响用户对信息主次的判断。

可适当添加一些花边、纹理，或者是白边框，进行这样的添加后可以使页面更具层次感，而且不同颜色的边框也会起到一定的区分作用。

使用花边形状的边框可以使整个页面具有一定的柔美性，与背景衔接显得不那么生硬。

面对不规则的图片我们也可以使用边框来进行完善，这样既不会改变图片的尺寸，还能装饰页面。

合理地使用边框可以使设计出的网页独具特色，让人印象深刻。

第2章

色彩基础知识

我们生活的世界是五彩缤纷的，天空、植物、动物都有它们自己的色彩。每个事物都有自己的代表色，这种颜色可以反映出它的特性。色彩就是光对物体反射给人的一种视觉感受。色彩按照字面意思分为色和彩，所谓"色"便是人对进入眼中的光所产生的感觉，"彩"便是多色的意思，就是人对光的理解。

网页设计者对色彩的喜爱是痴迷的，在设计作品时灵活、巧妙地运用色彩，可以使作品更精彩。

设计的色感可用色彩的色相、明度、纯度三种属性来表示。这三种属性的轻微变化都会影响色彩给人的印象，各类物体借助色彩会给人不同的感觉。

人对颜色的感觉往往受到周围环境的影响。在人类物质生活和精神生活发展的过程中，色彩始终散发着神奇的魅力。人们发现、观察、创造和欣赏着绚丽缤纷的色彩世界，对色彩的认识、运用过程是从感性升华到理性的过程，从而形成色彩的理论和法则，并运用色彩将网页设计发挥到完美。

物体表面颜色的形成取决于三个方面：光源的照射、物体本身反射的色光、环境与空间对物体色彩的影响。

色彩可以分为有彩色和无彩色两种。黑白灰是无彩色，其他颜色为有彩色。明度、色相、纯度都是色彩的属性。

色相就是色彩的外观，具有色彩的特征，是色彩所呈现出来的质地面貌。

说到色相，首先要让大家了解"三原色""二次色"和"三次色"。三原色就是由三种基本原色构成的，原色是指不能通过其他颜色混合调配而得出的"基本色"；二次色为"间色"，是由两种原色混合调配而得出的；三次色即是由原色和二次色混合而成的颜色。

色彩基础知识

三原色：　　二次色：　　三次色：

"红、橙、黄、蓝、绿、紫"是最基本的颜色，在各色中间差一个中间色，加上其头尾色彩即可制出十二种基本色相。

明度是色彩的明暗程度。明度包括两种，一种是同一色彩的明度变化，另外一种是各种颜色的明度变化，这两种不但能产生不同的明暗层次，还能使每种色彩都有与其对应的明度。

高明度　　　　　　　　中明度　　　　　　　　低明度

纯度是色彩的纯净度。表示颜色中所含某一色彩的成分比例，纯度最好理解，就是色彩的鲜艳程度。

高纯度　　　　　　中纯度　　　　　　低纯度

色相、明度、纯度这三种属性不可分割，认识和使用色彩时需要同时考虑这三个因素。

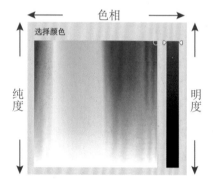

2.2　色环

色环就是彩色光谱中所常见的长条形的色彩序列，只是将其首尾连接在一起，即红色连接到另一端的紫色上。

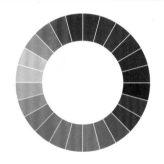

邻近色：在色环上任选一色，与此色相距 90°，或者彼此相隔五六个数位的两色，即称为邻近色。如红色与黄橙色、蓝色与黄绿色等。邻近色之间的关系是你中有我，我中有你。

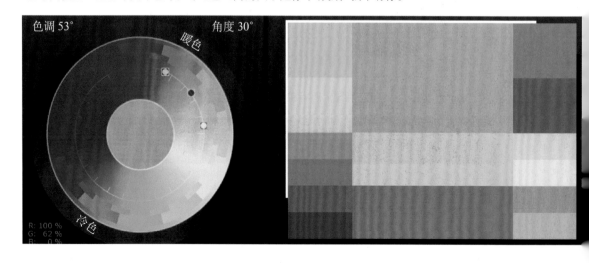

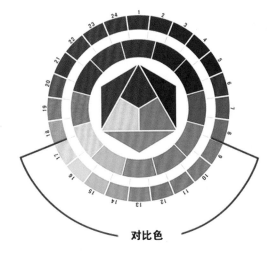

对比色：在色相环中相距 120°～180° 的两种颜色，称为对比色。把对比色放在一起，会给人一种较为强烈的排斥感。

对比色

互补色：互补色是指在色相环中两种颜色相距 180°，由于两种颜色在色环上完全对立，因此其对比效果最为明显。例如，红与绿、蓝与橙、黄与紫互为互补色。

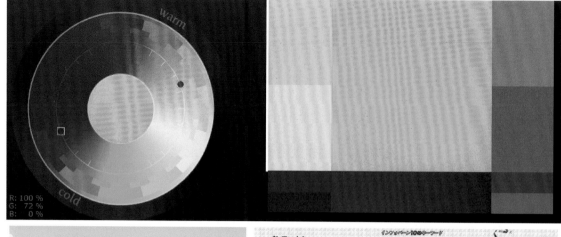

2.3　色彩对比

　　色彩对比就是指将两种或两种以上的色彩放置在一起时，由于相互影响而显示出差别的现象，通过色彩对比训练可以培养训练者的色彩组织能力。

　　色相对比：将色相环上的任意两色或两种以上色相放置在一起所形成的色彩对比效果。在色相对比关系中对比最为强烈的就是互补色相的对比。经过调和后的色相对比，可以使人感到清晰、富贵、饱满。任意一个色相都可以自为主色，形成同类、近似、对比色相对比。

同类色相对比是指同一色相里不同明度与纯度的对比。这样的色相搭配会给人一种协调感、柔和感。

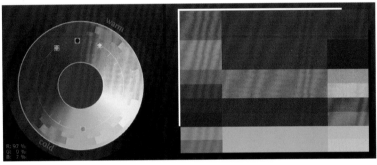

邻近色相对比要比同类色相对比更加明显一点，这种色相搭配相对同类色相对比来讲没有那么柔和，而是显得更加清晰。

对比色相对比的色相感要比邻近色相对比更加鲜明，使人兴奋。这样的对比色相不会使页面显得单调。

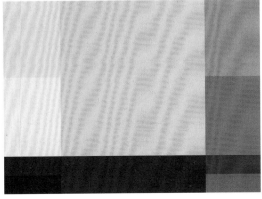

互补色相对比要比对比色相更加冲突、刺激，可使整个页面更加鲜明。

明度对比：就是指色彩明暗程度的对比，这样的明暗对比使色彩具有层次与空间关系。只有色相对比而没有明度对比的话，图形的轮廓形状难以辨认。色彩间明度差别的大小决定了明度对比的强弱。

在明度对比中，如果色彩面积最大，作用也最大。一般来说，高明度的颜色给人一种愉快、活泼的感觉。低明度的颜色给人一种低调、朴素的感觉。

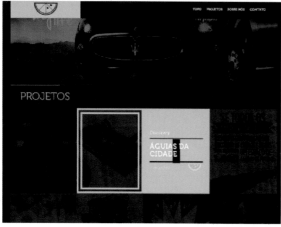 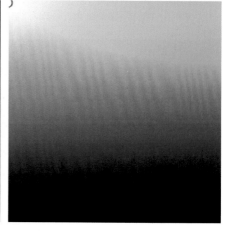

纯度对比：有了色彩纯度的变化才会使世界上的色彩更加丰富。同一色相纯度上发生对比，也会给色彩的性格带来变化。低纯度，其对比的画面视觉效果比较弱，形象的清晰度也比较低，适合长时间近距离地观看。中纯度的色彩对比较和谐，画面效果丰富，主次分明。高纯度则给人一种新鲜感，使页面更加富有生气，色彩认知度高。

那么将一种鲜艳的颜色和一种含灰的颜色放在一起时，可以通过颜色鲜浊的差异进行比较，这就是纯度对比。

色彩基础知识

面积对比：根据色彩的面积大小来对主页内容的主次进行区分。一个画面面积的大小是以一方为主色，使其与其他颜色拉开距离，画面的主色调就是面积大的一方，这样可使页面的主次关系更突出。

通常在网页设计时多采用面积对比，大面积使用同一色系的颜色作为主色，通常用于制作背景，而使用纯度、明度更高的颜色作为小面积点缀，从而使网页活泼而不失稳重。

面积的对比可以理解为是各种色彩在面积上多与少、大与小的差别。

 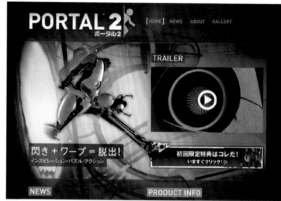

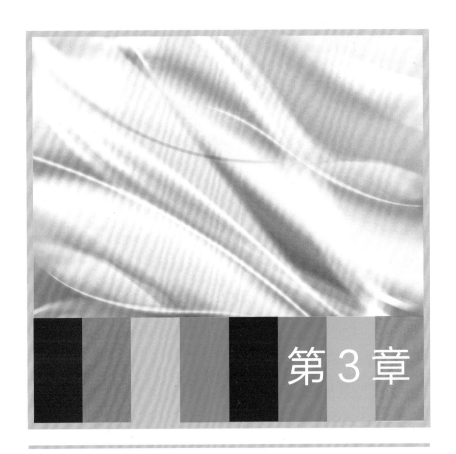

第 3 章

网页设计的制作流程

在制作一个网页之前首先要考虑的就是网站的主题，也就是想要进行宣传的产品。根据产品的一些特性和内容来确定合适的网页设计风格，好的网站不仅应该有美感、有创意、富于个性化，更要根据实际应用有它相应的效果。

网页设计包括图片和文字两个基本元素。图片可以生动地表现产品的内容，文字是最基础的表达方式。因此，图片和文字在设计中是最主要的表达形式。除此之外，一些网页也会添加音乐、动画、程序等其他形式的装饰。

按照上面的叙述可总结网页制作的一般流程为：网页的需求、网页的定位、网页的规划、网页的测试优化、网页的运行维护。设计师只有了解了网页的基本设计流程才能成功地设计出一个功能全面且具有宣传力的网页。

　　网页结构是网页设计的重要组成部分。在网页的内容、目标及主题等相关问题已经确定时，网页的结构就是设计如何将内容划分为清晰合理的层次体系。

　　网页设计的模板结构大概包括"T"字结构布局 、"口"字结构布局 、"三"字结构布局、对称对比布局、POP 布局（即海报版式布局）等。

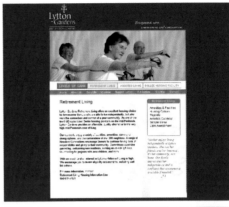

　　不同性质、不同类别的网页，其页面的内容安排也是不同的。标准网页的基本内容包括标志、网站LOGO、页眉、页脚、导航、主体内容等。

　　当然，上述提到的网页结构不适用于所有网页的设计需要，我们要在这个基础上根据自己的需要来设计属于自己的网页结构模块。

由于页面的尺寸和显示器大小及分辨率有关系，因此要根据具体分辨率下的网页宽度设置网页的长与宽，保持网页的全屏显示，不会出现水平滚动条。要定出网页的尺寸大小，才能方便设计。但由于网页高度是可以延展的，所以高度没有确切值。在设计中需根据上述要求进行相应设计，但可以不用规定具体的宽和高，可根据相应背景进行设计，达到想要的效果即可。

标准网页广告尺寸规格如下（单位：PX）。

① 120×120：这种规格适用于产品或新闻照片展示。

② 120×60：这种规格主要用于制作 LOGO。

③ 120×90：这种规格主要应用于产品演示或大型 LOGO。

④ 125×125：这种规格适于表现照片效果的图像广告。

⑤ 234×60：这种规格适用于框架或左右形式主页的广告链接。

⑥ 392×72：这种规格主要用于有较多图片展示的广告条，用于页眉或页脚。

⑦ 468×60：这种规格是应用最为广泛的广告条尺寸，用于页眉或页脚。

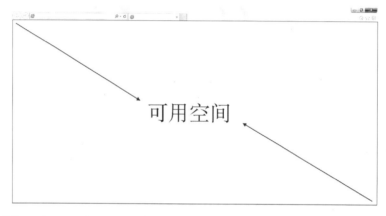

当然，以上规格不适用于所有网页，根据相应的产品，设计师会发挥丰富的想象力，通过构思确定出网页的设计风格，根据风格及产品想传达的主题确定出网页的布局。所以有时候会因为一些设计想法而更改一些模块的大小，以及适当增加或减少网页中的组成部分，不应死板地规定网页一定要使用多大规格的模块才可以，这样一方面会局限设计师的想象力，同时也会造成在表现产品的时候不够完善。

根据不同风格的网页我们要学会融会贯通，不能过于局限自己的设计思想，要灵活运用一些标准规格，设计出一个比较完美的网页。

网页设计的 LOGO 是一种标识语，它具有标识的职能。网页的 LOGO 具有识别、区别、引发联想、增强记忆的作用，加深了用户对产品内容的理解。

一个好的 LOGO 应具备的条件为：符合国际标准、精美、独特、与网站的整体风格相容，能够体现网页的类型、内容和风格。

通常情况下，设计师会根据产品的外观、特性或者名称等与产品相关的内容，通过发挥想象力和创造力来设计一个产品的 LOGO。

接下来我们通过举例来了解两种设计类型的 LOGO。

下面的两幅图是以文字来表现产品 LOGO 的形式，这种设计使人在看到图片时就能了解到产品想要传达给人的信息。这主要是通过对文字进行变换或装饰来形成的一种设计。

以下两幅图使用了抽象艺术来描述产品的特性或通过这种 LOGO 传达给人一些关于产品的信息。使用刺激视觉的颜色搭配，又或是独特的造型来加深人们对 LOGO 的印象，从而达到网页宣传的目的。

　　网页的顶部通栏是指一个整版宽度相同，但面积不到半个版面的平面广告，通常以横贯页面的形式出现，并放置在页面的顶端，视觉冲击力强，给人印象深刻。

　　网页通栏一般都与整个页面中的内容保持一致，高度可以根据实际情况进行调整。一般要根据内容选择说服力较强的图片，也可以适当地添加边框、叠加效果或者其他修饰的元素。

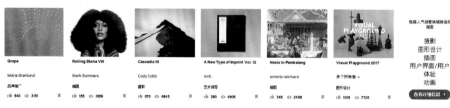

网页色彩搭配宝典

　　网页的文本是指网页的主体内容，是网页设计必不可少的一部分，可以是简单的内容提要，也可以是详细的内容介绍。可以使用图片和文字相结合的方式来表现网页的主体内容。

　　根据产品的不同需要，我们可以对主体内容的要求放宽，不一定每个网页设计都需要很大的篇幅来展示主体内容。例如，如果要求设计者将网页中的个别元素突出表现，我们就需要使用单一文字或者单一图片的形式来展示。

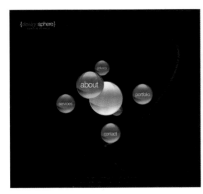

　　主体内容的表现形式有很多种，根据不同的设计风格和布局设计，对于主体内容都有不同的布局形式——居中或是分散。有时主体内容会根据网页布局而呈分散状，随着对网页的浏览，主体内容——呈现在人们眼前。

37

03

网页设计的制作流程

网页设计中的图像设计应将信息传达得更加具体、真实、直接、易于理解，从而高效率、高质量地表达设计理念，使网页充满强烈的感情色彩。可以在网页中形成视觉信息的中心，有利于重要信息的传达。

我们应根据网页的风格与产品的特性对网页的图形进行设计，可以使用构成模块的图形设计，充分使用几何图形设计模块。

可以通过网页的特殊表现方式，例如突出重点素材、产品的重点信息内容、抽象的表现等对网页进行设计。

文字是网页主体内容中最重要的组成部分。所以在我们确定了主题、风格等一切元素后，在对网页中的文字设计时一定要把握两点：一是简洁明了，能够让浏览者有兴趣读下去；二是数量的掌握，文字少会显得单调，文字多了会使网页显得乏味。

一般除了 LOGO 的字体可以比较抽象之外，其他表现内容的字体要尽量使用阅读体，应选择让人觉得舒适、清晰的字体，否则会造成人们在阅读时辨认困难等问题，尽量使用标准商务字体，一些手写体在个别的网页中也可以使用。另外，一个网页中的字体不要太多，尽量不要超过三种，大小要根据需要进行相应的调整，相同模块的文字尽量保持字体一致，这样会使页面看起来精致、不凌乱。

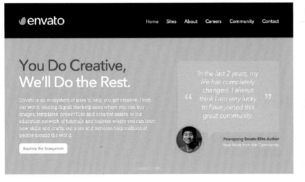
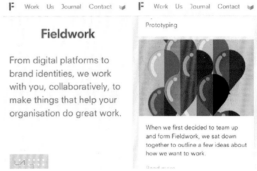

字体的颜色要根据网页中字体的背景色决定。不要使用过多的颜色，以避免浏览者在浏览时出现视觉混乱的现象，影响浏览情绪。一般在设置网页的字体颜色时，主体文字的颜色要根据网页主体颜色确定，页面中的其他段落文字多使用无彩色的黑色、灰色、白色。当然，根据不同情况我们要进行相应的设置。

举例说明，下图中的网页文字内容比较多，但是使用的文字颜色结合了整齐的文字排版，提高了浏览者的阅读兴趣，虽然文字量比较多，却不会给人一种厌倦感。文字中的主色围绕主题颜色进行设计，段落文本使用白色和灰色的背景形成对比，使其清晰可见，便于阅读。相反，另一张网页图中，段落文本的颜色是与背景色相接近的灰色，在浏览时很容易将文字信息忽略掉，给人造成了一定的视觉混淆，降低了阅读兴趣。

3.1.7 页眉和页脚

网页中的页眉和页脚都用于显示文档中的附加信息，通常表现为时间、日期、页码、单位名称、徽标等。其中，页眉在页面的顶部，页脚在页面的底部。

通常页眉可以用来添加一些备注内容。页眉和页脚都可以作为提示信息的模块。当进行网页浏览时，一个具有页眉的网页可以使浏览者在浏览完想了解的内容后，点击页眉的相应位置就可以快速回到初始位置，继续其他的操作。

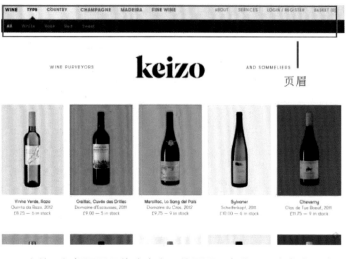
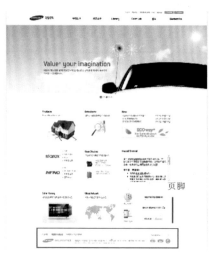

当然，根据网页风格或者产品的需要，有些网页会存在只有页眉、只有页脚或没有页眉和页脚的情况，这也就说明了在设计网页时要根据需要配置相应的模块。

3.1.8　多媒体

在网页设计中，多媒体的加入不仅丰富了网页的内容，也使网页更具吸引力。加入多媒体也是一种动态网页的表现方法，如添加动态图片、音乐播放器、视频等。

例如右图以导航栏的模式展示网页所具有的多媒体功能，通过浏览者自己的需要点击相应的图标，既满足了页面的功能性，又不会造成网页的杂乱。

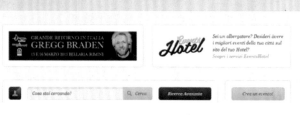

根据产品的需要还可以将网页本身以视频演示的方式展示。这样的新型方式越来越多地用在一些学习网站里，直观的讲解和演示获得了越来越多的人的喜爱。

越来越多的单位和个人都开始通过建立自己的网站进行一定的宣传活动。因此这种网页就代表着一个单位、个人或者产品的形象。这就对网页设计提出了更高的要求，所以网页设计中也越来越多地融入了多媒体形式。

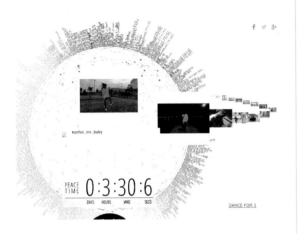

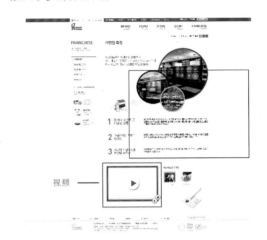

上图（右）是一个餐厅的宣传网页。添加了视频功能使宣传更具吸引力，浏览者能够更全面地了解想要知道的重点信息。

3.2 网页设计的基本步骤

在确定了产品想进行宣传的重点之后，接下来就需要进行网页设计了，基本设计步骤如下。

① 确定网页的主题：分析网页想传达的信息和主题，制定相关的功能并确定网页的风格。

② 搜集相关材料：网页所需要的宣传图片和文字内容信息。

③ 规划网站：主要是规划网站的构成模式、风格及导航栏所需要的相关链接。

④ 制作相关的图片：使用相关的平面、动画软件对网页进行设计。

⑤ 网页的具体制作、测试与后期宣传。

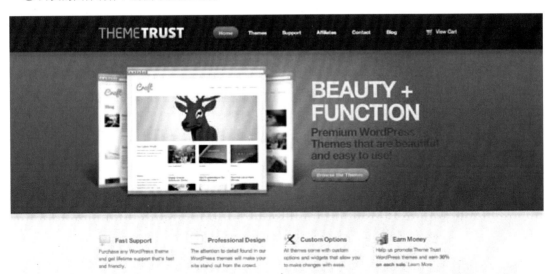

对于确定一个网页的主题，要做到"小而精"，即主题定位的范围不要过大，内容要取其精髓。不要试图制作一个包罗万象的网页，这样通常会使网页失去特色，也会让人找不到重点。

一个网页不能没有自己的主题，否则就是没有灵魂的网页，一般一个网页的主题就是想要宣传的内容。在确定了围绕什么开展设计想法之后，我们还要确定是设计一个静态还是动态主题的网页。

下图分别是静态网页和动态网页的效果展示。

当面对个别需要重点突出产品的多种主题特性时，可以结合布局特点来展示主题，如各种对称结构。

确定一个网页的主题也会影响到网页的主题色彩搭配。当我们确定了一个网页的主题后，也方便了我们确定网页的设计风格，以及应该使用什么样的主题色和辅助色来完美地诠释出信息内容。

"构图"原来的意思是指结构、组成和联结，确定网页各个组成的相互关系可使整个页面中的模块看上去能够构成一个统一的整体。

网页设计的构图大概可以总结为这几个方式：几何图形排列构图、交叉式构图、倾斜式构图、圆弧式构图、背景式构图、中心式构图、棋盘式构图、散点式构图、并置式构图及发射式构图。

一些构图方式举例如下。

每个网页都有它的构图模式，上文提到的几种构图模式都是通过在人们浏览时的视觉感受决定的。所以有时候颜色的纯度、明度也会影响网页给人的视觉感受。色彩搭配所形成的前进与后退感，会为版面构图增添一些空间感。

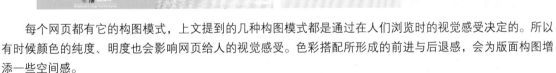
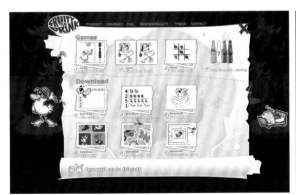

43

03

网页设计的制作流程

　　网页的风格是指网页给人留下的整体印象，这个"印象"包括网页内所有的构成元素、版面布局、浏览方式、内容价值、存在意义等诸多因素，所以确定风格是网页设计必不可少的步骤。

　　在这里我们大概把网页的设计风格分为扁平化设计风格、3D 设计风格、极简设计风格、全屏设计风格、互动设计风格、瀑布流设计风格、标准化设计风格，以及个性化设计风格。

网页的色彩是树立网页形象的关键要素之一。要确定什么样的颜色搭配才能更吸引使用者的注意力，这是非常重要的。

网页中的色彩要保持鲜明性、独特性、联想性、适宜性，这样不仅容易引人注目，又能贴切地将网页意图表现出来。

不同的色彩搭配给人的心理感受是不同的。例如，红色会给人激动的感觉。适当地更改颜色透明度也会改变颜色带给人的感受。例如，黄绿色相对于绿色更具有青春、旺盛的视觉效果，而蓝绿色给人的感觉是幽静而阴森的。

上文提到了合适的色彩搭配与主题是分不开的，所以在网页设计中应做到一个色彩就可以传达给浏览者一个网页想表达的最直接的思想情绪。

45

03

网页设计的制作流程

第4章

网页设计的原则与配色

网页设计的核心是传达所要展示的产品信息。

网页设计风格的一致性可实现视觉上和心理上的连贯，使整个页面设计的各个部分极为融洽，犹如一气呵成。所以网页配色很重要，网页颜色搭配是否合理会直接影响到访问者的情绪。在选择网页色彩时，除了考虑网站本身的特点外，还要遵循一定的艺术规律，从而设计出精美的网页。

网页设计的形式法则包括统一原则、对比原则、协调原则、突出原则、个性原则、实用原则及分割原则。

04

网页设计的原则与配色

统一原则是指设计作品中的内容与文字要相互统一，例如，商业网站应该使用商业化风格的字体，也可采用标准字体。另外，网页设计作品的整体效果是至关重要的，在设计中各组成部分要尽量保持整齐性、一致性，切勿孤立分散，那样会使画面呈现出一种枝蔓纷杂的凌乱效果。

1.统一原则的构成特点

• 在设计中使用的字体要符合主题的内容，例如上图中的美食类网页选择了柔性曲折的字体，符合蛋糕给人美味、甜蜜的感觉。太过生硬的字体就不适合美食类的网页。

• 将画面中相似的图像元素以单侧对齐的方式进行排列，可以将信息整齐有序地展示出来。例如上图中多个长短不一的领带以顶对齐的方式进行排列，使页面干净、大方。

• 当版面中包含多个相同的模块时，选择大小统一的图形及具有相似性的色彩，都能体现网页设计的统一原则。如上图网页中使用大小一致的模块进行构图，网页显得整洁大方。

2.统一原则的常用配色方案

养生购物类网页配色：选择清新的颜色搭配，展现出生机勃勃、清新宁静的景象。

冷饮类网页配色：选择清凉、亮丽的颜色可给人一种凉爽的感觉。

服饰类网页配色：高纯度的色彩组合可强调色彩效果，给人视觉上的刺激感。

3.统一原则的常用表现方式

这是一个关于天然植物香皂的网站，用蓝色的天空作为背景，贴合主题，用同样类似的蓝色系作为文字背景，使画面达到整齐一致的效果。这种排列方法可用于突出表现重点的信息内容。

这是一个有关饮料的网站，用绿色作为背景并使用黄色作为文字的填充色，黄色和绿色是邻近色的组合，明度较高，是一种让人感觉爽朗的配色。只用这两种颜色作为主色，既能达到与主题统一的效果，又能重点突出信息的内容。

4.统一原则的整齐技巧

色彩斑斓的图片，在排版时一定要合理规划，否则会使版面质感全无，让人不想继续浏览网页。将图片以圆环形状分布，不仅可以增加图片的数量，也可以向人们展示出产品更多的信息。

将产品按照种类、颜色进行对齐排列，将网页清晰地展示给浏览者，更方便浏览者寻找自己想要的信息。

当我们需要将大量的信息"塞"到网页版面中时，最重要的就是考虑怎样将内容和表现形式以合理、统一的方式排布。例如，可以通过将相似的元素以一定的规律排列，使版面整齐有序，并且能够有效地传达网页的内容信息。

关键色：

色彩印象：

圣诞蓝和夕阳红都属于亮色调，看起来会很干净、大方。两种颜色搭配以清澈、鲜明为主，给人一种没有杂质的感觉，表现出纯净感。

支一招：

少量的文字可增大信息的"自由感"，同时增大文字的字号又可以凸显文字的内容。

图片和文字相互交叉，以不同角度展示内容，体现了内容的多元化。

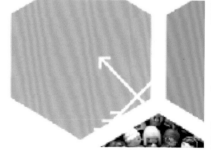

六边形规律地排列在版面中，将画面分割出大量相似的模块，既满足了画面的整齐性，又使画面具有独特感。

将部分六边形填充为灰色，灰色是无彩色，即没有色相和纯度，只有明度。在版面中合理运用无彩色，既能够提升画面的统一性，又不影响画面的整体效果。

当底面背景色比较丰富的时候，如果要在上面添加文字，可以使用纯度较高的颜色绘制图形作为文字和背景的分隔，以凸显出文字的内容。

统一原则的配色方案

二色搭配	三色搭配	多色搭配

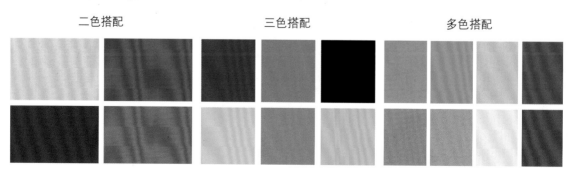

当针对某个特定主题的网页进行设计时，必须符合主题的需要，不能脱离内容，这样才能使网页设计独具特有的分量。在结合产品特性的情况下，设计一些与主题相符的小细节，可使页面更加具有吸引力。

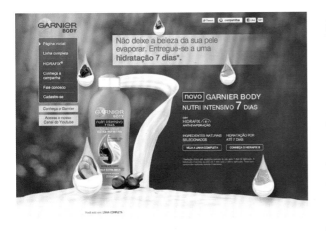

关键色：

色彩印象：

苹果绿可表现出清新、健康、自然的感觉，让人感到轻松。苹果绿和深绿进行搭配，给人一种神清气爽的效果。

支一招：

通过添加点缀来装饰页面的时候，配色要与背景色统一，不能使用太突出的颜色，以免造成主次不明。

产品与底部连接在一起的白色，起到了很好的调和作用，给人一种和谐的感觉。

清新的页面设计，符合产品"天然"的定义。绿色是与人类息息相关的环保色，在沐浴露产品网页中又与主题相契合，给人一种放松与休闲的感觉。

背景使用模糊的视觉效果能有效突出前面的内容信息。

统一原则的配色方案

二色搭配	三色搭配	多色搭配

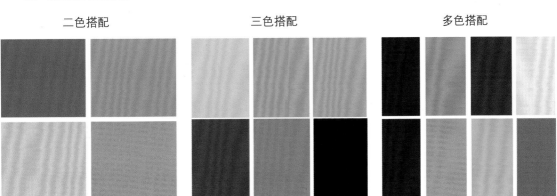

网页设计的原则与配色

对比产生在两个或多个元素之间，设计者可以使用对比对用户产生直接的视觉吸引。对比就是通过矛盾和冲突，使设计更加富有生气。对比手法有很多，如多与少、曲与直、强与弱、长与短、粗与细、疏与密、虚与实、主与次、黑与白、动与静、美与丑、聚与散等。

1. 对比原则的构成特点

- 使用对比色搭配法，通过差异，可以明显地突出内容。例如上图中两个小孩身后的背景是两个纯度不一样的颜色。通过两个颜色对比的显示方法，表现两种内容的重要性。

- 通过对比两个或多个元素之间的不同，创造出视觉的趣味性，引起浏览者的注意。例如上图中左右两部分内容以少量元素和多种元素分别展示了信息的不同点。

- 通过虚实的对比，可以分别显示两种内容的重要性。例如上图通过三个虚实不同的人像，表现出了页面空间层次丰富，锐利夺目。

2. 对比原则的常用配色方案

产品类网页配色：冷色比暖色的视觉传递速度慢，冷色可以作为背景，突出显示暖色想表达的内容。深色和浅色也可以互相对比，分别突出。

儿童卡通类网页配色：两种对比色搭配在一起，红色显得更红，绿色显得更绿，深棕色表现出对视觉上的缓和处理，让页面显得活泼、舒适。

娱乐休闲类网页配色：冷暖色的对比使页面中的内容更具活力。

3. 对比原则的常用表现方式

这是一个关于婚纱的网站，由驼色、棕色组成，给人一种安静、幸福感。通过形状的大小对比，增加了页面的灵活性，可以通过调整图片和文案所占的面积来调节对比的强弱。

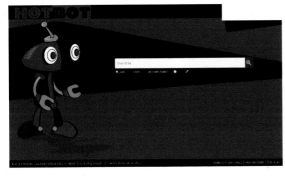

这是一个搜索首页的网站，黑色背景给人一种深邃的感觉，与红色背景结合在一起又增加了网页的神秘感，与搜索主题相契合。

4. 对比原则的颜色技巧与内容对比技巧

对于色彩面积大小的对比，大面积的色彩采用高明度、高纯度、同类色的颜色使画面看起来更清爽、透气。

色调差异大（红色和墨绿色）的配色具有很强的视觉冲击力，与后面的主题相契合，又增加了层次感。

色彩效果

对比就是通过矛盾和冲突使设计更加富有生气。对比手法有很多种,对称式的对比首先是将页面分为两部分,通过两种不同的颜色、元素等来表现页面中两种不同的信息内容,吸引浏览者的注意力。

关键色:

色彩印象:

版面被划分成了两个区域。右侧鲜明的粉紫色与左侧硬朗的灰色形成强烈对比。粉紫色又象征活泼、热情,与灵动的形状相呼应,让整体更富有冲击力。

支一招:

形成对比的方法有很多,可以使用线条和形状、实心圆和空心圆、更改元素的大小或增强色彩的明暗等。

如图,它们的面积是等量地、相对地呈现在眼前,给人留下深刻的印象。

黑、白、灰是无彩色,灰色作为背景色,黑色作为辅助色,任何复杂的大背景都可以被稳定下来。

高纯度的色彩具有前进感,突出了在中心添加的文字。

对比原则的配色方案

二色搭配   三色搭配   多色搭配

可以调整图片和文案所占的面积，通过对两种内容的对比并调节对比的强弱，也可以方便读者在浏览过程中清晰地了解自己所需要的内容。

关键色：

色彩印象：

　　橙色和深红橙色代表狂热、健康，因此这两种颜色常用于食品类网页中，会让人与健康的食物联系在一起，从而刺激人的食欲。

支一招：

　　橙色和红色属于明度比较高的颜色，过多地使用会让人有种刺激的视觉感受，所以可以使用明度低的颜色作为背景，缓和网页给人的视觉冲击。

　　使用矩形作为页面分割图形时，要在整体上保持图形素材的整齐，以免画面错综复杂，不能达到对比的效果。

　　橙色与白色文字的搭配，白色是无彩色，与明度高的橙色形成对比，使页面具有空间层次感。

　　黑白色的照片会勾起人的回忆，又是美食类的网页，所以具有勾起人们记忆中味道的作用。

对比原则的配色方案

二色搭配　　　　　　　　　　三色搭配　　　　　　　　　　多色搭配

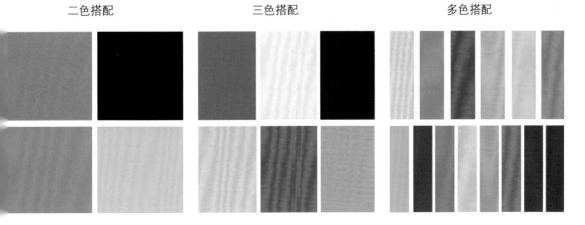

4.3 协调原则

设计时应利用各组成部分在内容上的内在联系和表现形式上的相互呼应关系，并注意整个页面设计风格的一致性。颜色上应使整个页面设计的各个部分相融洽，犹如一气呵成。协调的网页会给人一种舒适感，但是相对来说视觉冲击力也会减弱。

1. 协调原则的构成特点

- 水平排列的页面给人以稳定的感觉，垂直排列的页面给人以舒畅的感觉。如上图中使用平均分布模块的方式分割页面，使得各个部分稳定、安静。

- 背景使用协调的颜色，可以突出所要表达产品的重要性。如上图中两个不同明度的灰色，灰色有削弱对立面的作用，打造出页面融合统一的视觉感受。

- 相近的颜色搭配可以形成统一的效果，而颜色的纯度又会给人不一样的视觉感受。如上图中的深蓝色和蓝绿色搭配，给人一种醒目、精致的视觉效果。

2. 协调原则的常用配色方案

女性产品类网页配色：代表可爱浪漫的粉色系，让人对页面充满幻想，并传达出一种甜蜜、纯真的心理感受。

食品类网页配色：黄色系的搭配给人一种温暖的感觉，通过明度的调节又形成了协调、统一的效果。

女性类网页配色：粉色系的搭配展现了女性的柔美，既协调又不单调。

3. 协调原则的常用表现方式

以上是一个中式建筑的网页设计。采用涩色调，例如暗绿色、暗蓝色和暗棕色，色彩彼此之间给人协调一致的感觉，营造出一种古朴、成熟、稳重的意境，符合中式建筑给人的感觉。

以上是一个食品类的网页设计。干净整洁的素色背景，使用相同的"勺子"模块展示出了不同的"食物"内容，这样无论食物的颜色有多复杂多彩，都能使页面显得协调一致。

4. 协调原则的颜色与主体内容搭配技巧

在制作一个购物网页时，不能选择暗淡沉闷的色调，例如，缤纷多彩的果汁就应该以明亮、鲜艳的颜色搭配为主，从而体现购物的快乐和商品的丰富性，以提高浏览者的浏览兴趣。

色彩搭配

在添加页面内容时，除了颜色要尽量相似，不要过于杂乱之外，也要给页面留一点设计边距，使里面的模块保持左右协调一致，这样就可以将文字或者图片合理排列在可操作的页面内。

如下图，网页设计中使用了暖色调，巧克力颜色的主体色与巧克力的主题配合得当。大小不一的巧克力块以单侧对齐的方式排列，给人一种和谐的感觉。

关键色：

色彩印象：

　　该网页的背景色为深棕色，给人一种浓稠稳重的感觉，和巧克力给人的口感一样。

支一招：

　　当背景和主题都是明度低的颜色时，要加一些明度高的颜色起到点睛的作用，增加页面的灵动性，不会使页面过于死板。

在比较低调的棕色的背景上点缀一点女性色彩——粉色，会使页面显得不那么沉闷。

曲线线条的文字与巧克力的丝滑感协调一致。

巧克力的立体效果使整个页面更有观赏性，作为一个食物的网页再好不过了。

协调原则的配色方案

二色搭配　　　　　　　　三色搭配　　　　　　　　多色搭配

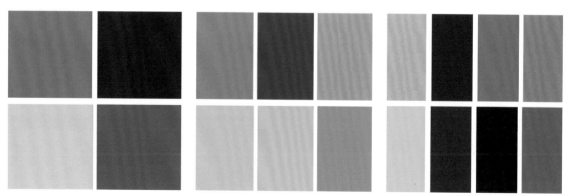

网页设计中可以利用图形的相似性分割页面，使画面有一种均衡感，以达到页面协调一致的效果，在视觉上给人一种精致的感觉。

关键色：

色彩印象：

该网页的上半部分以流畅的线条进行分割，采用了色相相近、明度略有区别的颜色，统一中又带有一丝趣味。这样的配色方案使画面产生活泼、欢乐的视觉感受。

支一招：

将空间适当地留白，可以使其他颜色的饱和度甚至浓度都更加突出。

这是一个设计网站，大面积的曲线线条增加了页面的动感，设计本身就是大脑充分活跃的产物，与主题相契合。

三个表情夸张的动物指向的方向是一致的，使浏览者能够明确地知道页面的重点在哪里。

动物身上的颜色与背景色相呼应，使画面色调统一。

协调原则的配色方案

二色搭配　　　　　　　　三色搭配　　　　　　　　多色搭配

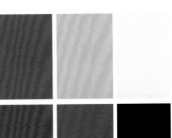

04

网页设计的原则与配色

在网页设计中，大量的信息会导致浏览者不能快速掌握页面的重点内容，对于这种网页的设计我们可以使用突出重点的方法，将主题思想表达出来，这样不会使浏览者在浏览时觉得枯燥，以至于长时间不能得到自己想要的信息内容。

1. 突出原则的构成特点

• 版面中心突出，加强对主题的表现力度。如上图中使用一张图作为背景，只用白色的文字作为点缀，重点突出了背景图片的内容信息。

• 使用空间留白的方法，然后使用相对纯度高的颜色，突出了想传达的内容信息。如上图中大面积的空间留白，又使用蓝色和黑色，突出了内容和文字。

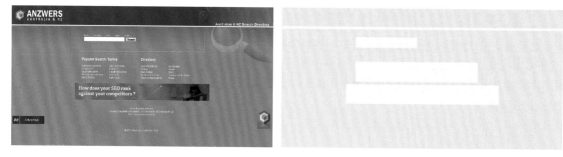

• 使用对比色突出重点内容。例如上图中蓝色和红色是对比，使用色调低的蓝色作为背景，使用红色作为点缀色，突出了红色背景上所要表达出的信息重点。

2. 突出原则的常用配色方案

化妆品类网页配色：使用明度高的颜色作为主体色，使用明度低的颜色作为文字的颜色，突出了文字的内容信息。

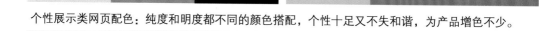

个性展示类网页配色：纯度和明度都不同的颜色搭配，个性十足又不失和谐，为产品增色不少。

巧克力类网页配色：使用明度低的颜色作为背景，明度高的颜色作为文字和点缀色，有突出重点的效果。

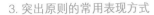

3. 突出原则的常用表现方式

　　这是一个创意类的网页设计。紫色的背景给人冷静的感觉，白色文字的加入打破了这种沉闷，大小不一的文字又突出了大文字的主体内容。

　　这是一个文艺类的网页设计。明度低的颜色具有后退感，明度高的颜色具有前进感，页面上的各种素材又指向一个方向，是一种线条引流的方法，重点突出黑色矩形上的文字。

4. 突出原则的"模糊背景，突出前景"的技巧

　　使用大图片作为背景，并进行了模糊处理，这样的设计不仅丰富了页面的内容信息，也使页面充满神秘感。使其与前景的模块形成一种层次感，让前景模块突出，集中了人们的视觉注意力。

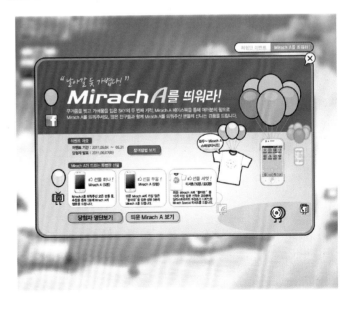

　　单纯的颜色并没有实际的意义，和不同的颜色搭配才能表现出不同的效果。图形色和背景色一定要有对比，这样才能明确传达想要表现的主题，合理地使用颜色的进退感，可吸引浏览者的注意力。

关键色：

色彩印象：

　　黄色为暖色，蓝色为冷色，冷暖对比可以使画面产生强烈的视觉冲突，突出上面的内容信息。

支一招：

　　白色和黑色是无彩色，在页面颜色过多时可用于缓和页面的视觉冲击。

　　这是一个游戏的网页设计界面。背景采用了双色映射，两种颜色的交汇处形成了视觉的焦点。

　　将黑色作为背景，将重点突出的文字作为焦点元素，在视觉上形成了指向性的引导。

　　中间文字的大小和字体颇具个性，可将浏览者的视线集中到页面中心。

突出原则的配色方案

二色搭配　　　　　　　　三色搭配　　　　　　　　多色搭配

更改页面素材形状的大小，可以起到突出重点的作用，大小相似的图形虽然可以使画面协调统一，但是不能让人一目了然地了解到感兴趣的产品。通过点击产品可放大相关信息，使浏览者更全面、清晰地了解信息内容。

关键色：

色彩印象：

　　本页面是食品类主题的网页设计，由红色和暖色调组成，这是能增强人们食欲的色调。

支一招：

　　适当地给产品增加投影效果，可以使页面显得更有空间感。

　　产品位于页面中心，并在点击相应产品时放大，起到了凸显作用。

　　美食上的火焰效果增加了页面的灵动性，使整个页面显得活灵活现，突出美食给人的视觉感受。

　　用曲线线条分割页面可使色彩效果变得复杂一些。它的创造性强，能给画面带来柔软感和流动感。

突出原则的配色方案

二色搭配　　　　　　　　　三色搭配　　　　　　　　　多色搭配

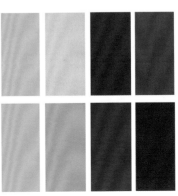

千篇一律的网页设计给人一种枯燥感，个性化的打造越来越重要，特殊的构造和独特的颜色搭配都为网页增添了一抹亮丽的风景。别具一格的配色和构图等是打造一个充满个性的网页必不可少的组成部分。

1. 个性原则的构成特点

- 颜色搭配的冲击性和虚与实的结合是一种大胆的视觉挑战。如上图（左）中人像的互相重叠、虚与实的结合、颜色的协调搭配，使其成为一种个性独特的设计。

- 文字的图形化能表现字意与语意。以富有创意的形式表达出深层的设计思想，能够克服网页的单调与平淡，从而打动人心。如上图中对文字的设计，使用与主题相关的事物与文字，尽显独特之处。

- 不规则图形本身就可带来视觉上的冲击。如上图（左）中使用不规则图形展示图片，通过图片的虚实来展示网页的不同之处，吸引读者继续浏览的兴趣。

2. 个性原则的常用配色方案

水果类网页设计配色：明度高的颜色给人一种新鲜的感觉，让人充满对食品的购买欲。

时尚类网页设计配色：高明度的颜色给人一种轻灵、优雅的感觉。

个性产品类网页设计配色：暗色调作为背景，亮色调作为点睛之笔，给人一种高贵的感觉，容易引起人们的注意。

3. 个性原则的常用表现方式

这是一个展示信息的网页设计。简单明了的设计，突出的内容和图片信息，使得整个页面简单却不失个性，少量的文字信息使页面不会显得枯燥乏味。

这是一个关于时间的网页设计。展示了点、线、面的完美结合，点可以产生深度感，线可以产生远近关系，面能让人感觉到真实的存在，三者结合在一起让人有种视觉抽象感。

4. 个性原则的个性光标技巧

网页的个性化不一定完全表现在页面的颜色、风格、布局上，也可以通过一些细节上的设计来展示一个独具个性的网页，例如我们可以根据产品的特性更改光标的造型，更改使用鼠标选取相应模块的显示状态，以这种方法提升网页的趣味性，提高人们点击的愉悦感。

平凡无奇的设计已经不能吸引浏览者的注意。越来越多的设计师开始尝试立体感的网页设计，因为立体感的网页更具活力，使页面更具前后的层次感，可增加浏览者的阅读兴趣。

关键色：

色彩印象：

青色的背景给人纯净的感觉，给立体感的页面增添了几分活泼。

支一招：

在网页设计中，使用的字体种类少，版面会使人觉得雅致，有稳重感；相反，使用的字体种类多，会让人觉得版面活跃。因此应合理地掌握好它们的比例关系。

立体感的设计，使页面具有强烈的直观性。

字体采用细体字，高雅细致，同时小字号既体现了整体感和精致感，又不与主题相冲突。

使用蓝色和绿色搭配，与白色的云朵充分融合在一起，给人自然清新的感觉。与立体感的素材结合，打破了画面的静止感。

个性原则的配色方案

二色搭配　　　　　　　　　三色搭配　　　　　　　　　多色搭配

为了更好地进行网页设计，更多页面构架方式涌现出来。首先在颜色上要注意静态颜色与动态颜色的搭配。动态颜色是指网页信息内容的颜色、图片的颜色会给人变换的感觉。

关键色：

色彩印象：

橙色和黄色是两种色调有差异的色相，与蓝色结合在一起使整个页面更具灵动性。

支一招：

对于颜色差异不大的搭配可以通过添加色彩或者相应的文字色彩，为画面增添更丰富的层次和变化。

将实线与虚线相结合，通过虚的部分突出实的部分，可起到强调主题的作用，明晰主次之分。

牛奶喷溅的效果为沉稳的背景增加了一丝灵动性。

少量的文字内容更能凸显图形艺术给人的视觉冲击感受，比单纯使用文字表达主题的方式更引人瞩目。

个性原则的配色方案

二色搭配　　　　　　三色搭配　　　　　　多色搭配

4.6　实用原则

　　有时一些设计师在设计网页时会大胆地发挥自己的想象力，想着如何设计出别出心裁的网页吸引人们的注意力，因此越来越多的设计风格层出不穷，但并不是一切大胆的想法都是成功的，一些设计违背了网页宣传的基本原则，使用户在使用中找不到自己想要的内容或对页面产生厌倦感，这便成了一个失败的网页设计。所以在进行网页设计时，我们要保持实用原则优先，设计出一个具有吸引力、宣传力的网页。

1. 实用原则的构成特点

　　• 网页的实用性可以表现为在使用过程中的方便性。网页中通常包含大量的信息，使人们不能直观地找到所需要的内容，所以要添加一些合适的小部件进行辅助。如上图在页面的上部添加导航栏，可方便人们在浏览时准确找到自己需要的内容。

　　• 太多的颜色会让人觉得凌乱，选择一个与主题相符的主色调，适当地添加其他颜色作为文字和其他构成部分的颜色，不必使用太多颜色，不实用又会使人心情烦躁。如上图中使用红色作为主色调，给人一种振奋人心的感觉，白色和灰色属于无彩色，整个页面给人一种精致的感觉。

　　• 太过个性的设计在使用时不见得都是实用的，上面左图中使用图片作为网页主题的表达方式，文字含量较少，会给人一种视觉冲击力，但是又会使人觉得茫然，所以要像上面右图中那样使用文字和图片相结合的方式，全面展示页面的信息内容。

2. 实用原则的常用配色方案

科技类网页设计配色：使用无彩色和有彩色的搭配，突出有彩色所要展示的内容信息。

家居类网页设计配色：使用中纯度的色彩搭配，让人有一种舒适的视觉感受。

美食类网页设计配色：红色系的颜色搭配绿色给人一种生机勃勃的感觉。

3. 实用原则的常用表现方式

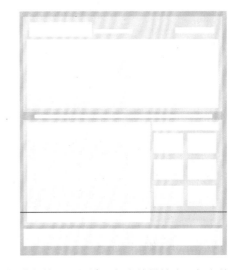

　　这是一个关于旅游的网页设计。页面中的构图很完整，属于标准化的网页设计，相应的模块表示相应的内容信息，使人一眼就能找到自己感兴趣的内容。

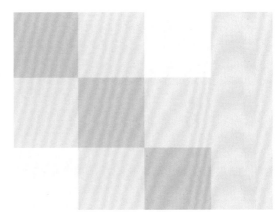

　　这是一个关于健身俱乐部的网页设计。采用扁平化的网页设计风格，使页面显得井井有条，颜色使用较多却不花哨，每个模块都有对应的信息内容，可使人们直观地了解内容信息。

4. 实用原则的简化内容技巧

　　网页要追求的实用原则会让我们自然而然地想到文字内容，越来越快的生活节奏让人们对大量文字产生厌倦感，小篇幅的文字结合图片可以说明的内容就无须使用大量文字进行修饰了。这样的文字内容设置可以使页面看起来很精致，更能提高人们的浏览兴趣。

一个网页是否成功在于它是否有效地向人们传达了网页的主体内容，页面应该具有与产品所有内容相关的链接入口，使用图片和文字结合的方式能有效地传达所有信息。

关键色：

色彩印象：

黄色是一个显眼并且有个性的色彩，蕴含了快乐和活力。

蓝色给人一种清爽、清凉的感觉，使人心情舒畅。

支一招：

在使用扁平化的风格进行网页设计时，对模块的大小要进行合理规划，否则会使页面显得杂乱。

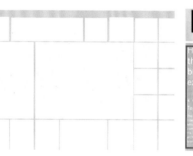

使用矩形模块分割页面，通过简约、概念化的视觉语言来表达所要传达的信息。

两个模块使用纯度、明度不同的颜色，分别表示不同的内容，使页面显得更加丰富。

根据合适的模块底色设置合适的文字颜色可以使文字内容清晰地显示出来，不会有看不清的感觉。

实用原则的配色方案

二色搭配　　　　　　　三色搭配　　　　　　　多色搭配

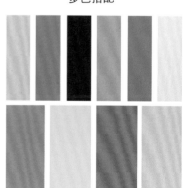

使用合理的颜色搭配应根据相应的产品进行相应的设计,点缀的颜色不应过多,同色系的颜色可以通过更改纯度来丰富页面,这样页面不仅不会显得凌乱,反而会使页面更具吸引力。

关键色:

色彩印象:

蓝色和粉色给人一种冷暖色彩搭配的感觉,强烈又缓和,体现出一种现代和时尚感。

支一招:

横向滚动的浏览方式可以使页面全面展示给浏览者。

两个模块的清晰度不一样,当点击相应的内容时,画面会变得清晰,相反,没被点击的内容会模糊,使得在浏览时注意力可以高度集中。

使用明度、纯度都高的颜色作为点缀,可以让人们的注意力集中到相应的位置。

使用两种纯度不同的色系作为页面的主色调,只改变颜色的纯度,不仅没有使页面的颜色变得杂乱,反而使页面更和谐统一。

实用原则的配色方案

二色搭配	三色搭配	多色搭配

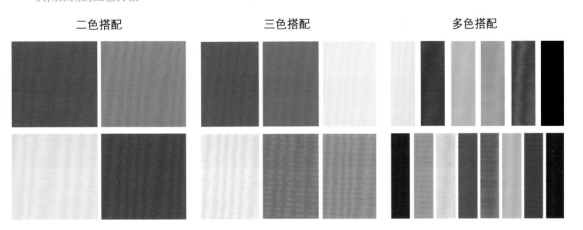

4.7 分割原则

在网页设计中我们经常会遇到要表达很多内容的产品，这时候就需要对网页进行布局，也就是如何将页面进行分割才能使浏览者更清楚地了解内容信息。分割是指将页面分成若干个小块，小块之间有视觉上的不同，这也是一种对页面内容的分类归纳。

1. 分割原则的构成特点

• 使用不规则的图形对页面内容进行分割，首先将页面中的内容进行清晰的分割，可使页面充满个性化。如上图使用不同形状的图形将图片内容展示出来，不规则的图形使整个页面颇具风格。

• 使用矩形分割页面，通过更改颜色显示不同的内容信息。这种设计风格在近几年都是很流行的，扁平化的设计吸引了人们的视觉注意力。如上图中使用图片和同色系的颜色模块进行分割页面，使页面更加和谐统一。

• 使用颜色作为页面分割的方式，可以使页面和谐统一，不会显得突兀。如上图中使用蓝色系作为上下页面的背景色，给人一种独特的感觉，又让人觉得整个页面是统一的整体。

2. 分割原则的常用配色方案

信息类网页设计配色：使用纯度较高的颜色作为模块分割的代表色，可以使页面具有一定的视觉刺激感，不会显得枯燥。

运动类网页设计配色：使用明暗度较强的颜色进行色彩搭配可以使页面具有层次感。

科技类网页设计配色：使用同色系的色彩搭配可以使页面看起来既统一，又有层次感。

3. 分割原则的常用表现方式

　　这是一个美食类的网页设计。使用大图片作为背景并做了模糊处理，突出了重点内容。使用蓝色作为导航栏和页脚的背景，将页面分割出前后的层次感。

　　这是一个娱乐场所的宣传网页。使用左右结构的构图，并使用颜色区分内容的轻重点，使用白色背景包围内容，中间再根据内容的种类进行分类，使用不同颜色将页面进行分割，让页面形成以内容为分割的布局模式。

4. 分割原则的分割技巧

　　分割可以说就是一种布局模式。当我们拿到一个产品时首先想到的就是怎样进行网页设计才能很好地宣传产品。此时我们就需要将网页进行完美的分割，从而达到对产品的良好展示。

　　如下图所示，四个红点的位置属于视觉中心点，人们常常会把重点信息放在中心区，但是其实中心区正是盲点区，反而不会引起多大的视觉刺激。所以经过这样的分割，我们在以后的设计中就可以根据模块或颜色布局，从容地错开这样的位置。

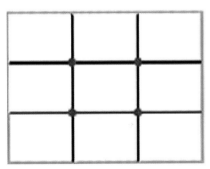

　　使用色彩进行页面的分割可以使整个页面的内容信息和谐统一，方便浏览者一眼就能看到感兴趣的内容，节省了浏览网页的时间，也不会使用户在浏览网页时觉得枯燥。

关键色：

色彩印象：

　　绿色是一种使人放松的色彩，在大面积使用时可以缓解视觉疲劳。

支一招：

　　在页面上添加一些卡通形象可以加深浏览者对网页的印象。

　　使用半透明的模块作为文字内容信息的展示区，会使页面有一种层次感。

　　使用红色作为导航栏的背景色，当点击相应链接模块时，变成黄色背景，可清晰地向人们展示相关链接的内容。

　　使用小猴子填充页面，猴子灵动的眼神为页面增添了几分灵动的气氛。

分割原则的配色方案

二色搭配　　　　　　　三色搭配　　　　　　　多色搭配

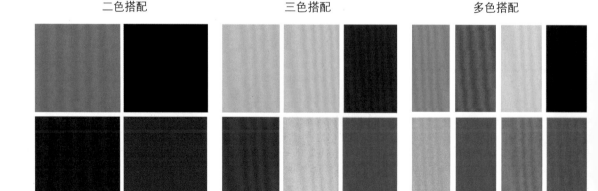

使用模块分割也是网页设计中常见的布局方式，这种分割方法不仅可以向人们直观地展示每个模块想要传达的内容信息，又让页面给人一种层次感。

关键色：

色彩印象：

奶黄色表现出的是一种柔和、清淡的效果，容易与其他颜色搭配。

支一招：

在模块上添加装饰可以起到醒目的作用。

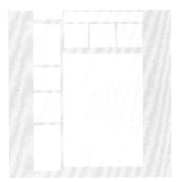

使用模块布局，模块大小分配的比例适中可使整个页面看起来更整齐。

对重点模块进行特殊装饰，可以凸显页面中的重点信息内容，可以与其他模块作区分。

使用这种纯度较低的颜色作为页面的背景色，可以使页面具有亲和力。

分割原则的配色方案

二色搭配　　　　　　三色搭配　　　　　　　　多色搭配

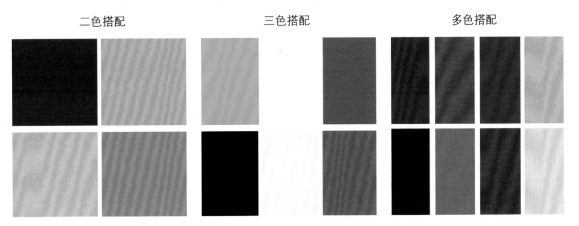

75

04

网页设计的原则与配色

第5章

网页设计的常见风格

网页设计可以是五花八门的，所以在进行网页设计时要有自己的风格，运用自己所拥有的知识，从审美的角度、应用软件的能力，并通过感受生活中的启迪，建立起属于自己的设计风格。我们在这里将风格大概分为扁平化设计风格、3D 设计风格、极简设计风格、全屏设计风格、瀑布流设计风格、标准化设计风格、个性化设计风格、矢量化设计风格和复古化设计风格。

　　扁平化设计是指尽可能少地使用渐变、阴影、高光等拟物化、拟真化的视觉效果，只使用一些简单的纯色块，减少认知障碍，从而打造出一种看上去更加平面的界面风格。扁平化风格的优势在于它可以更加简单、直接地将信息和事物展示出来，适合于需要同时支持多种屏幕尺寸的响应式设计技术。

　　1. 扁平化设计风格的构成特点

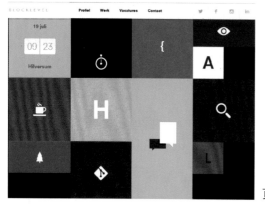

页面比例：

　　• 设计时使界面尽量简化，用户可以直截了当地点击自己所需要的信息，让浏览更流畅。如上图中模块上的矢量图标，可方便读者直接点击自己需要的内容，提升了网页信息传递效率。

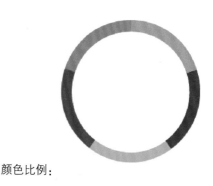

颜色比例：

　　• 与"真实"元素融入同一个网页设计中的时候，会产生虚实结合的感觉，如上图中使用模块表达内容，"真实"元素形容内容，让浏览者将更多的注意力集中到产品上，不会被纷乱的视觉元素所干扰。

颜色比例：

　　• 通过具有一致性的设计模式、纯度高的一组颜色、干净利落的元素、更少的按钮和选项使页面整齐而干净，使用起来方便简单。如上图中只使用几个矩形分割页面，主体内容清晰可见，方便读者点击自己想要的内容。

2. 扁平化设计风格的常用配色方案

旅游类网页配色：冷暖色对比使页面的视觉效果更加强烈，能够迅速传达信息，突出主题。

医学类网页配色：明度低的颜色使页面显得谨慎庄重，明度高的颜色会使页面显得轻松，不会让人觉得压抑。

学习类网页配色：蓝色具有智慧理智的特点，又给人一种清爽的感觉，与黄色和粉红色搭配时会形成刺激的视觉效果。

3. 扁平化风格的常用表现方式

这是一个关于旅游的网页，使用风景作为背景，贴合主题。大小相同的图形元素作为模块，颜色要选择相同的，这样不会有喧宾夺主的感觉，又可以简单明了地表现出内容信息。

这是一个关于电影的网页。蓝色和紫色搭配有很强的视觉冲击力，页面用平面的方式分割。小图标作为点缀使页面具有趣味性，内容也更丰富。同时，紫色背景又为网页增添了一份神秘感。

网页设计的常见风格

4. 确定扁平化风格的形状的技巧

色块在扁平化设计中无疑占据了很重要的地位，我们看到的扁平化设计几乎都离不开色块。色块的基础形状有圆形、三角形、四边形、五边形和六边形等。

　　说到扁平化的设计风格，首先想到的就是高饱和度、鲜亮、复古或单色块等，并不是说这是唯一的选择，其实与图片相结合效果更佳。

关键色：

色彩印象：

　　黄色和紫色都是十分抢眼的颜色，蓝色和绿色又给人清新的感觉，使页面神秘且有一种动感。

支一招：

　　当为扁平式的网页选择颜色时一定要选择合适的颜色搭配，否则会使页面显得杂乱。

　　选择与图片相符的颜色，通过更改颜色的透明度显示图片，有种朦胧的视觉效果，提高了浏览者的阅读兴趣。

　　扁平化设计多使用鲜亮的色彩，这也为扁平化设计创造出了一种与众不同的感觉，成为设计的色彩趋势。

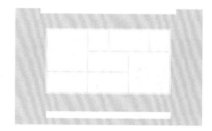

　　使用大小不一的模块展示内容信息，不规则的图形为页面增添了趣味性。

扁平化设计风格的配色方案

二色搭配　　　　　　　三色搭配　　　　　　　多色搭配

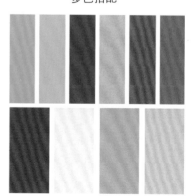

网页色彩搭配宝典

05

　　扁平化设计追求的是简洁、简单，摒弃复杂、不明确内容的元素。复杂模糊的界面会使浏览者受到困扰。

关键色：

色彩印象：

　　黄色和紫色的搭配显得十分抢眼，有很强的视觉冲击力，有积极醒目的效果。

支一招：

　　同样一种色彩搭配，采用不同的色彩做主色，会得到不一样的效果，可以通过调整颜色的分量表现出内容的主次。

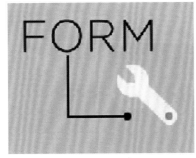

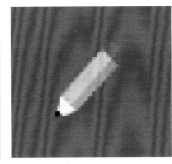

　　在扁平化设计风格中，应采用笔画清晰的字体，使页面简洁，能够快速并且直观地表达设计者的意图，所以在字体的选择上也是以简洁、清爽为标准。

　　在选择图标时要选择圆滑的类型，圆滑的图标更具亲和力，这种人性化的设计更受浏览者的欢迎，使浏览者更能接受设计者的设计意图。

　　在选择颜色时要选择纯度高的颜色，但是要避免选择饱和度低的颜色，太饱和的颜色会严重影响浏览者的视觉体验。

扁平化设计风格的配色方案

二色搭配	三色搭配	多色搭配

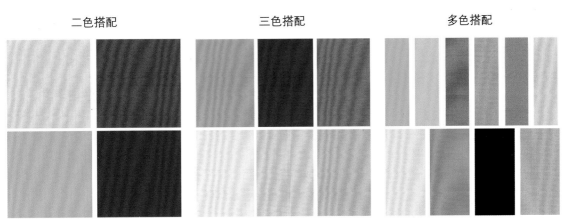

5.2　3D 设计风格

一个具有 3D 效果的网页设计，具有光感、质感、层次等方面的优势，这样的效果自然比二维图形更能体现出精彩的视觉效果，更具冲击力和吸引力。

1. 3D 设计风格的构成特点

• 设计中使界面立体化，让浏览者有身临其境的感觉，充分地体验页面带给浏览者超凡的视觉感受。如上图，可以通过滚动鼠标对页面中的产品信息进行了解。

• 3D 应与 2D 平面效果相结合，因为 3D 效果不适用于所有网站的设计。例如上图中使用 3D 效果展示产品，使用平面效果介绍产品的内容，两者相互结合，充分、完整地将产品全面、立体地表达出来。

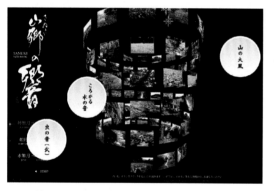

• 3D 网页需要给人一种亲和力，不仅要在互动上下功夫，还要使用人们熟知的平面来设计 3D 风格的网页，提升了页面的美感和艺术氛围，增加了网页的真实性，调动了浏览者的积极性。

2. 3D 设计风格的禁忌

带有立体感的图片不是 3D 效果的网页，不能与 3D 效果的网页混为一谈。

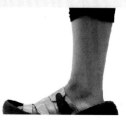

3. 3D 设计风格的常用表现形式

点击前　　　　　　　　　　　　点击后

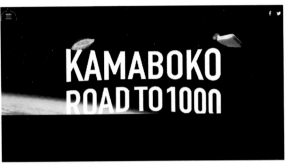

　　这是一个关于美食类的网页设计，在网页加载出来后，首先映入眼帘的是一个爆炸效果，刺激浏览者的兴趣。在主网页上蓝色的地球给人一种神秘的感觉，就像未知的美食给人的诱惑。来回运动的美食不停地向浏览者展示该页面的信息内容，使网页的内容丰富多彩。

　　这是一个房地产的主页面。使用立体效果表示地图，使页面显得更加真实，对空间操作的随意性也较强，相对二维界面更吸引人。配有小图进行细节说明，使页面内容表达更全面。

4. 3D 设计风格的阴影技巧

　　如何使页面中的立体效果更明显呢？最简单的技巧就是使用阴影，靠近物体的阴影会让物体更具立体感。

使用 3D 形式表现出元素的立体感，会使页面更加全面地展示出内容的重点信息，也使用户在看到页面时产生很强的视觉冲击力，提高读者的阅读兴趣。

关键色：

色彩印象：

　　纯净的天蓝色与渐变的浅蓝色组合，拉伸了与前面素材的距离，不同纯度的蓝色又为页面增添了几分层次感。

支一招：

两个颜色搭配在一起作为背景时可以使用渐变连接的方法，这样不会使连接显得太生硬。

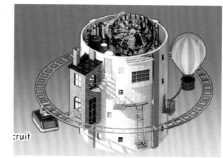

　　气球本身就给人一种自由活泼的感觉，使用黄色填充又让它在与蓝色相结合时，为画面增添了几分活力。

　　使用白色作为主题色，与背景的白色相结合，就像蓝天与白云。想到"研究"这个主题可能会让人觉得沉闷，但是这个网页设计给人的感觉却是清爽、心旷神怡的，成功吸引了读者的注意力。

　　这是一个关于研究所的网页设计，页面中心使用立体的图形表现研究所的概念内容，可以使浏览者更全面地了解信息内容。

3D 设计风格的配色方案

二色搭配　　　　　　　　三色搭配　　　　　　　　多色搭配

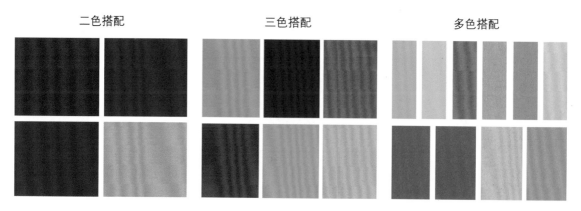

点、线、面形成的视觉差，通过滑动鼠标让网页上不同层次的内容以不同的速率移动，形成一种层次感。

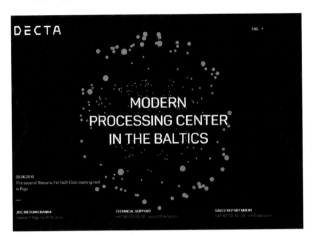

关键色：

色彩印象：

　　黑色和蓝色令人想到了黑夜的星空，具有不寻常的韵味，加上白色的文字使页面具有推进感，可将浏览者的注意力集中到文字上。

颜色比例：

支一招：

　　页面中颜色过多会影响点、线、面想表现出的立体感，所以在点、线、面的网页设计中，尽量选择两三种颜色即可。

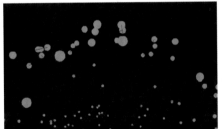

　　看似零散的点和面通过线的方向，在打开网页时，三者一起运动，使页面具有 3D 视感。

　　中心的点是小的，边缘的面是大的，给人一种近大远小的感觉，与白色的文字形成了一种后退和前进的动感。

　　这是一个关于设计制作的网页，蓝色和黑色使网页更具商业化。

3D 设计风格的配色方案

二色搭配　　　　　　　三色搭配　　　　　　　　　多色搭配

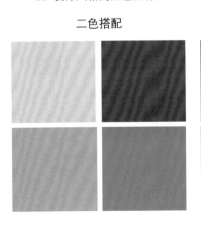

极简设计可以说是一种设计哲学，通过保持最基本的主图内容，剔除多余的装饰，化繁为简、直截了当地突出主题，所以它也是一种设计思想和概念产物。

1. 极简设计风格的构成特点

• 如果一个页面有太多的元素，用户就会在众多元素中因无法决定其主次而陷入混乱，可以选择适当的元素，在主体内容附近进行留白处理。如上图，在 LOGO 部分周围的大量留白，让 LOGO 本身得到了直观的展示。

• 一个优秀的极简设计势必会用不偏不倚的姿态，让浏览者的重点聚焦在主体内容上。例如上图，在这个以黑、白、灰为主色的网页中，如果出现任何色彩，都会成为视觉焦点。

• 字母本身的造型就是一幅完美的设计，加上在设计中赋予文字本身一定的含义，融合一身，就会让画面变成双向发声。如左图，将文字的背景作为创意扩展的部分，当光标在文字上来回移动时，这些渐变色彩都倾向鲜艳，为文字点缀了一些美感，这种方式在极简的网站中很容易做到，文字成为画面的焦点，以传达品牌形象。

2. 极简设计风格的禁忌

文本元素的间隔不宜过大，这样会使人们的视觉扩散，分散了浏览者的注意力。

3. 极简设计风格的常用表现方式

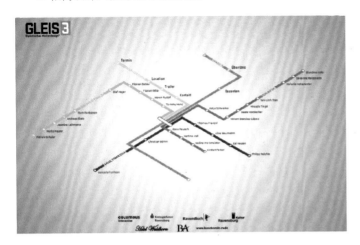

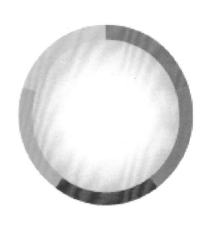

这是一个路线图的网页设计。灰色渐变是一种无彩色的背景，页面上的"路线图"使用了明度高、纯度高的颜色，使得其在整个页面中显示得非常清晰。

这是一个科幻类的网页。将文字赋予一定造型，与文字本身形成一种完美的构图，加上文字本身的含义会让画面变成了一种有声的感觉。在信息大爆炸的现代社会，只要抓住信息内容的重点，展示的内容让人觉得"简约却不简单"，就会给浏览者留下无限的想象空间。

4. 极简设计风格的留白小技巧

很好地使用留白往往可以使网页第一眼看上去非常清爽，做到极简风格"少即是多"的基本理念。

Save Anything. Read Anywhere.

Create an Account

　　使用图片和文字组成各种有趣的样式，要使用的图片需要和文字内容息息相关，这样才能使文字和图片相结合。简化的图片和文字是提高沟通效率极为有效的方式，使用图片便可完美诠释信息内容的主旨。

关键色：

色彩印象：

　　青瓷色是一种纯度不高的蓝色，具有骄傲、华丽的品质。

支一招：

　　使用较少的文字种类可以使页面显得更加简单、精致。

　　这是一个关于女性产品的网页设计，使用细体字符合女性给人高雅柔美的气质，同时字体种类少，版面雅致，给人一种稳定感。

　　使用一个踮着脚穿着高跟鞋的人，为页面增添了几分活力，同时明确地表现出产品想传达给浏览者的信息内容。

　　使用两种纯度不一的绿色作为背景，明度比较低。同时在一个页面上运用过多的颜色会影响浏览者的阅读。

　　极简设计风格的配色方案

　　　　二色搭配　　　　　　　　　三色搭配　　　　　　　　　多色搭配

在极简设计风格中无须做过多的装饰，掌握设计的整体性和产品的主要设计概念，用简单的线条和图形、简单的颜色搭配直观地表达主题，保持简单安逸的艺术格调。去掉繁杂的修饰元素，可起到减少分散用户注意力的作用，增强了信息内容的主题性和信息传达的速率。

关键色：

色彩印象：

灰色给人一种雅致、时尚的气息，单纯的灰色使页面看上去格外干净。

支一招：

素描是一种用线与面的表现方式来表达的画面，每个物体在光照下都有亮、灰、暗三部分。在作画时，亮部要尽量避免脏，暗部要尽量避免闷。

采用绘画手法的表现形式具有取舍、提炼和概括自由的特点。绘画手法直观性强，趣味性浓，是宣传、美化网页的一种极具艺术感的手法。

粗体加深了对文字的强调作用。文字使用手写字体，让人觉得形态优美、线条流畅，使页面充满活泼的感觉。

用线条勾勒出的路和风车，当页面加载出来的时候都是移动的，图形简单，效果却化抽象为形象，使页面活灵活现。

极简设计风格的配色方案

二色搭配　　　　　　　　三色搭配　　　　　　　　多色搭配

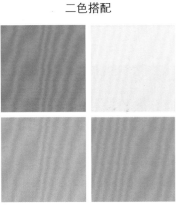

89

05

网页设计的常见风格

5.4 全屏设计风格

全屏设计风格是指使用大图片或者全屏背景的网页设计，设计中高质量的照片再配上合理的布局，能给网站带来强烈的视觉冲击力，不仅能够突出网站的设计感，更能突出网站的主题。

1. 全屏设计风格的构成特点

• 当进行全屏网页设计时，要选择整体质量高的图片，要保持图片和内容的协调性，尽量保持两者颜色互不干扰。如左图中使用的背景图片的上部是纯色的，在添加文字时，选择与主题相符合的字体颜色不会影响文字的清晰性。

• 另外一种是对背景图片的处理，如上图分别使用添加纯色滤镜和更改图片的模糊度的方法来展示页面的内容信息。

• 不论是何种网页设计，使用大图片作为背景都能强有力地吸引人们的注意力，使整个页面富有别样的趣味。例如右图，去掉文字的装饰说明，只用图片表达重点的内容信息，全屏幕的图像滚动起来异常受欢迎。

2. 全屏设计风格的禁忌

使用全屏风格设计网页时，文字的颜色不宜随着后面的图片而变化，否则会使文字模糊，不利于阅读。颜色搭配要与背景图片的颜色相对比，以突出模块的重点内容。

3. 全屏设计风格的常用表现方式

这是一个美食类的网页设计。选择造型活泼、线条柔美的字体，符合美食给人的感觉，通过倾斜的文字形状，增加了页面的灵动性。

这是一个宣传类的网页设计。使用模糊的方法对背景图片的一部分进行处理，虚化的界面设计直观地给人一种干净自然的视觉感受。因此，模糊背景的基调会使整个界面看起来更柔美，将图片的重点清晰地展示出来。

4. 全屏设计风格的隐藏导航栏的技巧

全屏模式最适用的就是隐藏式的导航栏，这种导航栏在不点击的情况下不会显示，不会影响页面的视觉效果，使用时再点击出来也很方便。

隐藏 　　　　　　　　　　　　　　　　显示

全屏设计在使用大图片作为背景时，一定要采用合理的页面布局方式，这种网页多半以图片为主，而且页面上的留白也比较多、比较大，在感官上能够给人很强的视觉冲击力。

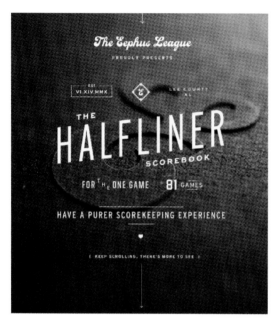

网页色彩搭配宝典

关键色：

色彩印象：

深灰色相对于浅灰色来说明度较低，两个颜色搭配在一起时具有平衡协调页面的作用，使页面显得低调而内敛，并具有一种简约的现代感。

支一招：

在使用这种大照片作为网站背景时，为了能够和网站的其他内容很好地融合在一起，需要考虑很多细节，否则可能会出现网站内容杂乱等现象。

该作品构图简单，方便用户使用，从上至下的文字，可以使页面拥有更开阔的视野，倾斜的模块又为页面增添了几分动感。

在背景上添加了暗纹，使设计内容更丰富。

以照片为重点，不仅展示了产品，还增加了页面的识别性。文字放在图片上使页面体现出一种层次感。

全屏设计风格的配色方案

二色搭配	三色搭配	多色搭配

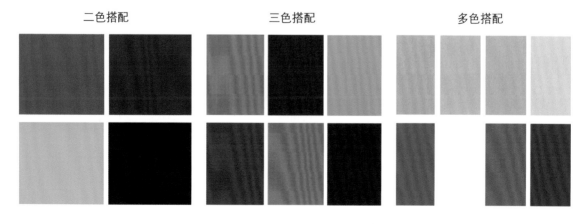

使用大图片背景作为全屏，整个主题以图片显示的内容为重点信息，往往图片的风格便能表现网页的产品特性了。

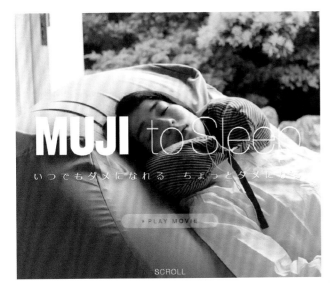

关键色：

色彩印象：

黄绿色和绿色整体明度较高，明暗对比较弱，黄绿色给人一种自由悠然的感觉，米色给人一种淡雅的感觉。

支一招：

文字位于页面中心会增加文字的信息传播力。

使用中轴式的文字排列方式，使页面整齐、大方。垂直排列的文字则让人感觉舒畅。

文字加粗是为了醒目，告诉浏览者这是段重要的文字，但是加粗字不宜过多，否则会使页面过于混乱。

使用圆角矩形作为进入二级网页的按钮，圆角会让按钮既醒目又不显得突兀。

93

05

网页设计的常见风格

全屏设计风格的配色方案

| 二色搭配 | 三色搭配 | 多色搭配 |

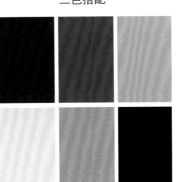
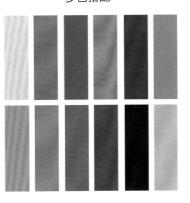

5.5 瀑布流设计风格

　　瀑布流设计风格的网页设计其实也是一种网页的布局方式，是可以让浏览者一览扫过的阅读模式，只要轻轻滚动鼠标就能让一切内容信息呈现在眼前。当然，在这类网页上每个数据块的内容是相近的，没有侧重点。随着页面滚动条向下滚动，这种布局还会不断加载数据块并附加至当前尾部。所以，我们称这样的网页设计为瀑布流式布局。

　　1. 瀑布流设计风格的构成特点

● 一种是各列有固定的宽度，一个数据块是一组。例如上图是一个以图片欣赏为主的网页，主要就是让浏览者了解更多相关的内容。滑动鼠标的时候，会有更多与主题相关的图片自动加载出来，方便浏览。

● 另一种是定宽不定高的模块，下面的文字与图片相互配合，全方位地解释要给人的内容信息。如上图所示，产品和产品介绍为一个模块，方便读者了解自己所需的内容。

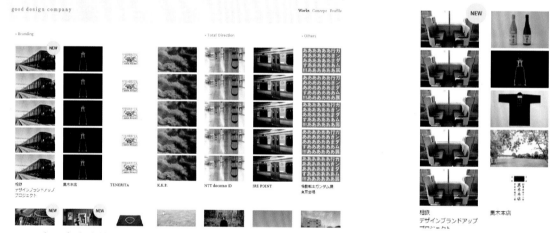

● 在瀑布流式的网页设计中也可以利用瀑布流式的布局方法，将产品按种类或产品的相关内容展示在模块里。如上图所示，首先映入眼帘的是相同的图片，当光标移动到图片上时会显示五个相关内容的图片，直截了当地展示产品内容。

　　2. 瀑布流设计风格常用的两种导航栏的模式

导航栏

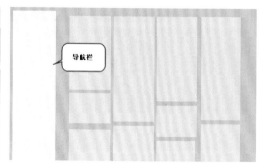

导航栏

3. 瀑布流设计风格的常用表现方式

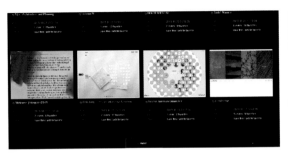 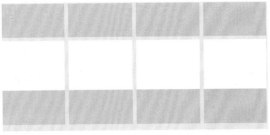

　　这是一个包含大量网页的网站，每个模块中的图片下面都有相应的文字内容介绍，在滑动鼠标时会加载出下一组内容，让浏览者不断看到新加载出来的内容。

　　这是一个宣传类的网页设计。紧凑的图片给人一种视觉刺激感，使页面可以容纳更多的图片内容，满足浏览者的阅读量。

4. 瀑布流设计风格的导航栏技巧

　　上文提到了导航栏的位置，现在我们来讲讲导航栏的设计技巧。使用吸顶式导航栏作为固定的导航栏，随着页面的滚动，导航栏的位置不会变，这样的导航栏可以保证用户在需要的时候，它随时都存在。

瀑布流式的网页设计主要是指以图片浏览模式为主的一种新型网页浏览方式，这种方式迎合了大众的口味。在设计中根据产品的需要设置合适的模块布局，并按图片与内容的关系设置合适的浏览方式。

关键色：

色彩印象：

绿色代表了生命和希望，也充满了青春和活力，使页面显得格外明朗。

支一招：

绿色是一种明目的颜色，可以在内容多而杂的网页中使用。

绿色是一种保护视力的颜色，当浏览者向下浏览图片时，光标移动到相应的图片时会显示绿色为背景的文字内容，可以适当地缓解浏览者的视觉疲劳。

宽度和高度不一的模块突破了常有的布局方式，增加了页面的层次感，巧用层级来缓解视觉疲劳。

当使用这种瀑布流式的网页时，应该选择吸顶式的导航栏，色彩不宜太抢眼，当浏览者已经向下翻太多页时，也方便快速跳转网页，不用回到首页。

瀑布流设计风格的配色方案

二色搭配　　　　　三色搭配　　　　　多色搭配

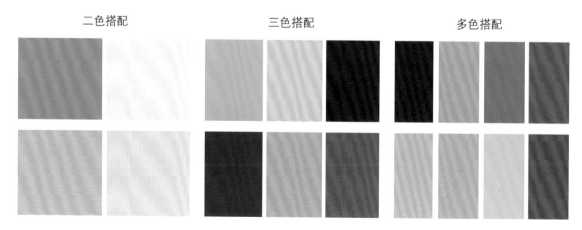

瀑布流式网页的另一个吸引人的地方是可无限加载网页内容，在模板中显示图片和符合图片的信息内容，降低了界面的复杂性，节省了空间，去掉了烦琐的操作，给浏览者更好的体验，让浏览者专注于浏览。

关键色：

色彩印象：

　　普鲁士蓝和午夜蓝的搭配，是一种同类色的搭配，营造出轻松舒适、科技感很强的氛围。

支一招：

要根据产品的需要设定网页的主题色。例如，粉色和蓝色的搭配就适用于比较卡通或儿童类网页。

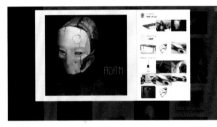

05

网页设计的常见风格

　　这种浏览网页的形式可以提高发现好图的效率，增加图片列表页极强的视觉感染力。浏览行为缺乏特别明确的目的性，以"收藏"的心态为主的话，可以获得很多信息。

　　在有大量的文字要叙述的时候，文字和图片要相对应，以免对浏览者造成误导。

　　点击空白区域收起，再次点击大图跳转到图片来源网站。非常适合轻松随意的阅读方式，尤其是当用户适应此处的设计逻辑后，很容易产生沉浸式浏览，同时又满足了查看细节的需要。

　　瀑布流设计风格的配色方案

二色搭配	三色搭配	多色搭配

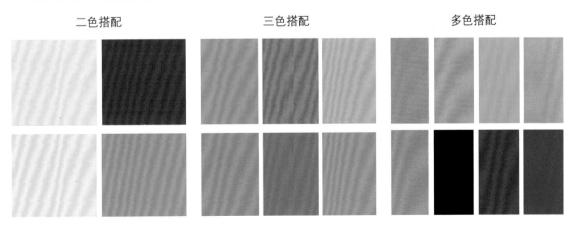

5.6 标准化设计风格

标准化的网页设计是指结构标准、表现标准、行为标准。结构标准主要是指构成模块；表现标准主要是指导航栏的位置、语言，以及操作按钮的形状；行为标准主要是使用人们所熟知的方式表达。标准化设计风格虽少了一些个性，却使得浏览者在阅读时产生熟悉感，以便更放心地浏览网页。

1. 标准化设计风格的构成特点

• 网页的导航栏具有理清网站每个内容和链接之间联系的作用，是对整个网站内容的一个索引，在使用时可方便用户快速地找到所需要的信息，是标准网页设计必须有的构成部分。

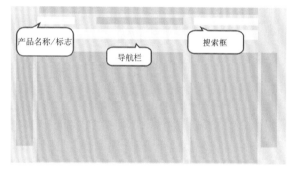

• 网页中的固定模块在导航栏上都是由产品标志和搜索框组成的，方便浏览者了解产品信息及寻找自己想要的产品，设计中规中矩，不会使用户感到混乱。

• 标准化的网页设计，一般导航栏的颜色或背景色都需要和产品给人的感觉相配合，使整个网页和谐统一。如左图为美食类的网页，红色可以使人兴奋，使得整个页面生机勃勃，给浏览者一种强烈的视觉刺激感。

2. 标准化设计风格的常用配色方案

美食类的网页配色：黄色给人一种亲近感，不同纯度的颜色搭配给人一种柔和的感觉。

产品类的网页配色：绿色给人一种生机勃勃的感觉，是能让眼睛休息的颜色，多看可以缓解眼部疲劳。蓝色给人一种清爽、清凉的感觉。两种颜色都可以使人们在浏览产品网页时不会产生厌倦感。

3. 标准化设计风格的常用表现方式

这是一个茶类的网页设计。整个页面使用绿色作为主色，给人一种新鲜、自然的感觉，因为是购物类的网页，功能齐全很重要，如搜索功能和导航栏都会方便人们查找自己想要的产品。

这是一个美食类的网页。以食材的颜色为主色调，使整个页面和谐统一，丰富的导航栏可吸引浏览者熟悉页面的内容。

4. 标准化设计风格的翻页符号设计技巧

有的产品的网页中有标准的翻页符号，多种多样的翻页方式都是为了方便人们浏览网页，如下图，完善前只有"上一页"和"下一页"的按钮，当用户想切换到指定网页时需要多步操作，造成了一定的不便，使用完善后的方法可以大量节省阅读时间。

完善前：

完善后：

上一页　　1　　**2**　　3　　4　　5　　6　　7　　8　　9　　10　　下一页

标准化的网页设计具有完善的布局，可从产品所需要的各个方面展示内容信息，模块的合理布局，不会使页面显得杂乱。

关键色：

色彩印象：

青色和蓝色是邻近色，营造出轻松舒适的氛围，红色作为导航栏的颜色，起到醒目、吸引注意力的作用。

支一招：

搜索框在产品类的展示网页中是必须存在的，以防产品种类过多，影响浏览者的查找。

这是一个产品类的网页。内容的构造很重要，左边的栏目用来进行产品的分类和展示。

中间的模块是比较大的，用来展示主推的产品，使浏览者能直观地看到，增加浏览者对主商品的认知。

右侧的模块作为链接网站，丰富了页面。

标准化设计风格的配色方案

二色搭配　　　　　　三色搭配　　　　　　多色搭配

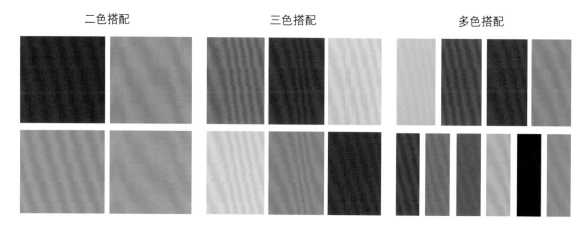

标准化网页是一种最基础的网页风格，它具有合理的网页结构，网页功能分工明确，文件分类明确，从而清晰地展示出产品的内容。

关键色：

色彩印象：

　　蓝色给人一种清爽的感觉，与黄色的鲜艳色彩搭配，十分抢眼。

支一招：

　　在进行产品展示的网页设计时，不宜选取过多颜色，应当从产品上取色，以免造成视觉混乱。

　　一般在一个标准化的网页设计中，都会将产品的名称或标志标语展示在页面最显著的位置上，以起到很好的宣传作用。

　　合理的文档结构可方便内容的更新和移动。合理的布局会使网页中心突出，页面均衡，更让浏览者赏心悦目。

　　为了增强网页的吸引力，常使用一些特殊的表现技巧或者模块，以丰富网页的布局，方便读者浏览。

标准化设计风格的配色方案

二色搭配	三色搭配	多色搭配

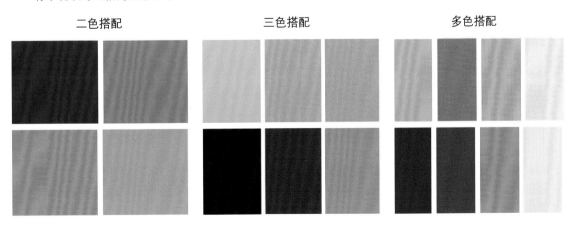

5.7　个性化设计风格

　　个性化的网页设计是指根据产品的诉求，以不拘一格的方式来展示产品的方法。有创意的网页设计越来越受到人们的喜爱，个性化的网页设计主要注重利用色彩和构图等来展示个性风格的细节上。

　　1. 个性化设计风格的构成特点

　　• 在网页设计中，个性化的网页设计没有规范具体的布局模式，着重表达产品的突出特性即可。如上图所示，没有过多的文字叙述，而是通过使用夸张图片的设计来吸引读者的注意力。

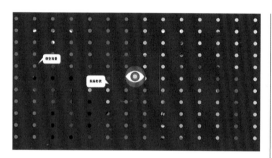

　　• 在个性化的网页设计中，造型是很重要的因素，不论是图还是其他构造，画面上的所有元素都可以根据产品的特性进行相应的设计。例如上图，将光标设计为眼睛状，奇特的形状成功地吸引了浏览者的好奇心。

　　• 颜色搭配的大胆运用和文字的个性表现都是个性化网页设计的一种表现方法。如上图所示，采用拼接的方式绘制文字，颜色搭配让人眼前一亮。

　　2. 个性化设计风格的常用配色方案

　　科技类的网页配色：蓝色给人一种稳重的感觉，又代表神秘，搭配明度和纯度高的颜色使人眼前一亮。

　　运动类的网页配色：这两种颜色色彩鲜艳，纯度都比较高，搭配在一起不会给人杂乱的感觉，反而给人一种视觉冲击力。

3. 个性化设计风格的常用表现方式

这是一个宣传类的网页。将众多元素融合在一起，黑白色的图片给人一种简洁的感觉，独特的构图模式又为页面增添了个性。

这是一个饮料类的网页。将绿色和黄色搭配在一起，这种双色设计让色调的选择更加自由，使搭配方式也更加多样化、个性化，从颜色上表现出了产品的个性美。

4. 个性化设计风格的个性导航栏技巧

个性化的网页当然少不了独具个性的导航栏，一个特殊的导航栏可以吸引人的注意力，如下图所示，使用飘带作为造型绘制导航栏，使导航栏看上去更加立体。

当下人们更趋向于能够将作品完整表达出来的设计，不使用规定的布局或单一的颜色，使用大胆的色彩并合理搭配可给人一定的视觉冲击力，吸引浏览者的注意力。

关键色：

色彩印象：

　　蓝色、黄色和绿色完美地融合在一起，为页面增添了几分灵动感。

支一招：

　　颜色互相混合在一起的时候，一定要慎重，最好使用邻近色或者纯度不同的同色系，否则搭配不好会使页面显得混乱。

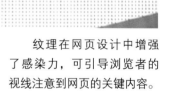

　　使用文字和图形相结合的方式绘制字母，不仅可以使文字具有个性，还为页面增添了几分灵动性。

　　使用渐变的方式将几个颜色混合在一起，可使颜色之间完美过渡，不会显得突兀。

　　纹理在网页设计中增强了感染力，可引导浏览者的视线注意到网页的关键内容。

个性化设计风格的配色方案

二色搭配　　　　　　　三色搭配　　　　　　　多色搭配

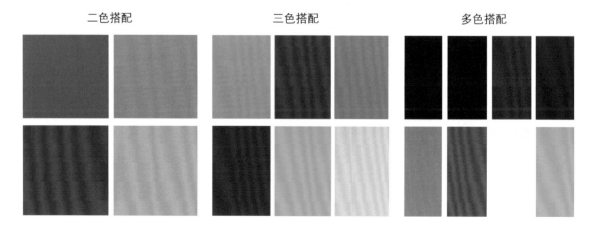

在网页设计中有时根据产品的需要，我们需要对布局和文字进行相应的设计，古板的布局和标准的文字虽然会给人一种熟悉感，同时也会让人厌倦，通过对布局和表现文字的创新可增加页面的新鲜感。

关键色：

色彩印象：

紫色给人一种沉重的感觉，在页面中加入少量的红色，打破了页面中沉闷的气息，产生了跳跃感。

支一招：

在使用颜色的时候，当主颜色过于沉闷时，要添加一些颜色以改变页面的氛围。

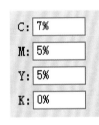
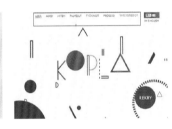

浅灰色的背景给人一种雅致的感觉，与其他颜色搭配时，可以使其更突出。

将导航栏填充为不同的颜色，增添了画面的灵动性，选择的颜色又与画面中的主色调和谐统一，使整个页面给人一种亲近感。

字体采用简单的图形和线条组成，参差不齐的摆放使页面显得活泼、富有生机，又具有一定的层次感。

个性化设计风格的配色方案

二色搭配　　　　　　　三色搭配　　　　　　　多色搭配

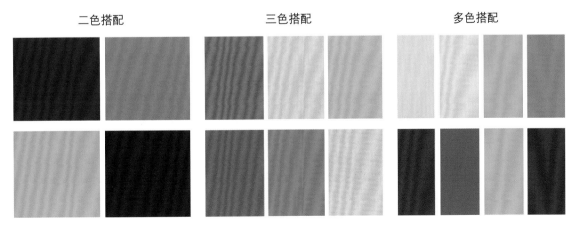

5.8 矢量化设计风格

矢量化的设计可以说是一种具有人性色彩、辨识度独特、能够给用户带来真实感的风格。矢量化的设计风格可能是对产品整体的设计，又可能是对细节的描写，让人觉得网页不再是一种程序化的存在，而是一种全新的表现方式。

1.矢量化设计风格的构成特点

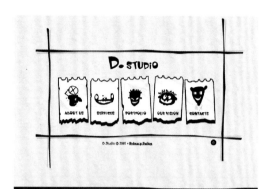

• 矢量化的风格实现了一种个性化的方式，这也是一种手绘风格，不是特别笔直的线条使人觉得更具亲和力。如上图中黑白灰的颜色搭配使人感觉页面精致，线条随意自然。

• 矢量风格富有人文关怀气息，页面中所有的元素都是矢量化的图像，且网页使用不会出现素材分辨率不清楚的情况。如上图中树、人、蓝天、白云都是矢量化的图像，使用渐变表示相应的颜色，使得页面看上去简洁、精致。

• 矢量化风格的颜色纯度一般都是比较高的，不会使用透明度较高的颜色，这样才符合矢量化风格的基本原则。如左图使用不同颜色表现出蓝天、白云的感觉，让人有种强烈的视觉冲击力。

2.矢量化设计风格的常用配色方案

美食类网页配色：矢量化风格的美食类网页设计相对来说颜色的明度较低，不会有很强的视觉冲击力，但是却很有吸引力。

科技类网页配色：纯度较高的颜色能表达出科技产品的高端品质。

3. 矢量化风格的常用表现方式

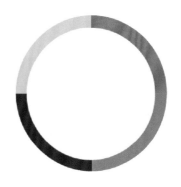

这是一个包含多种信息的网页设计，页面中大部分的图片素材都以矢量化的形式存在，画面显得卡通活泼，富有生气，这样内容不会显得枯燥。

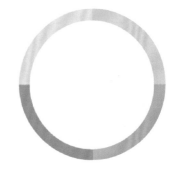

这是一个动物类的网页设计。活泼明快的背景色使整个页面的气氛轻快、富有活力。手绘素材使整个网页更具亲和力。

4. 矢量化风格的字体技巧

本节我们介绍的是矢量化风格，一种类似手绘的网页设计，有时满屏的线条可能会让我们觉得页面很轻，这就要求在添加文字时，要尽量选择一些粗线条的字体作为主体字，以免造成辨识不清的状况。

矢量化的网页设计风格使用线条组成页面中的主体部分,然后填充合适的颜色完成页面的设计,使页面更加生动,这也是通过一种人性化的方式来阐述网页要表达的理念。

关键色:

色彩印象:

　　绿色使整个页面显得清新、活泼、富有生机,棕色的运用使导航栏很好地突出了视觉重点。

支一招:

　　矢量化风格的网页设计不宜过于硬朗,这样会使页面与文字的风格不相符。

　　使用不同颜色的线条绘制出裂缝的感觉,使得页面具有一定的层次感。

　　页面中的文字居中,使页面布局更加规整,也使用户的视线更加集中。

　　文字交叉使用不同的两种颜色,使文字内容不会显得特别单调。

　　矢量化设计风格的配色方案

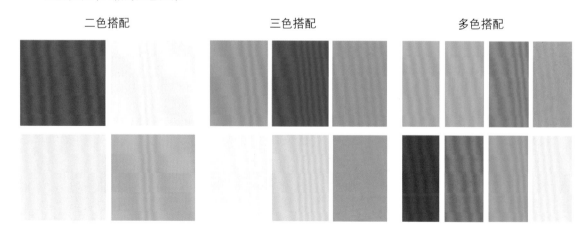

二色搭配　　　　　三色搭配　　　　　多色搭配

富有亲和力的矢量化风格，使人在浏览的时候没有距离感。通过页面中颜色的深浅来表现页面的立体感。

关键色：

色彩印象：

黄色和紫色的搭配显得十分抢眼，有很强的视觉冲击力，有种积极醒目的效果。

支一招：

矢量化风格的网页设计中除了色相对比外，还可使用明度对比、纯度对比加大画面层次。

使用色彩的进退感表现出页面的空间立体感，高纯度的色彩给人一种前进感，低纯度的色彩给人一种后退感。

作品中的导航栏与网页的风格一致，精致的描边装饰使导航栏更具吸引力。

页面中的装饰很少，简约的风格令人印象深刻，这样的设计新颖独特。

矢量化设计风格的配色方案

二色搭配　　　　　　　　三色搭配　　　　　　　　多色搭配

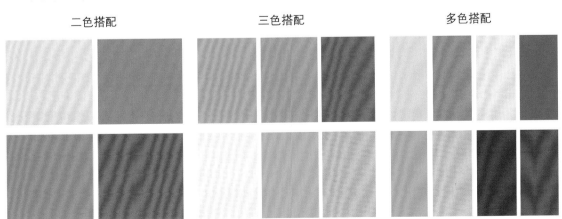

109

05

复古是一种极为吸引人眼球的设计风格。在各种各样的网页设计中，复古风格有一种独特的魅力。它具有历史的感觉，是一种有特殊情结的网页设计风格。

1. 复古化设计风格的构成特点

- 复古与其他设计不同，复古主要是一种情感的表达。如上图低纯度的色彩搭配，保持怀旧复古风的同时又给人舒适的感觉。

- 两种颜色的搭配使页面显得有层次感。如上图中深浅颜色的搭配，使前面浅色的图形整体突出。

- 复古与简约的搭配让页面的气氛与内容相结合，具有怀旧氛围。如上图所示，背景使用中纯度的颜色，搭配一个灰色系的图片，没有其他装饰，体现出了简洁和庄重。

2. 复古化设计风格的常用配色方案

教育类网页配色：明暗的颜色搭配更能吸引人的眼球。

饮料类网页配色：可以使用纯度高的颜色作为背景色，给人一种厚度感，例如咖啡等饮料给人一种时代感。

3. 复古化风格的常用表现方式

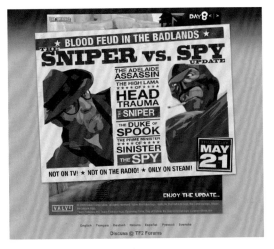

这是一个电影宣传的网页设计。灰色作为背景色，给人一种静谧、安详、神秘的视觉感受，吸引浏览者的注意力。

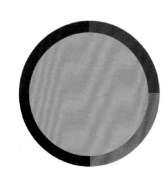

整个页面色调比较暗，处处体现出怀旧情结，能够触动人们某些特定的回忆，能够吸引人的眼球。

4. 复古化风格的斑驳做旧技巧

复古风格有很多元素，也有可以把颜色做旧的方法，例如在颜色的使用上，加上斑驳的效果，可以给人一种年代久远的感觉。

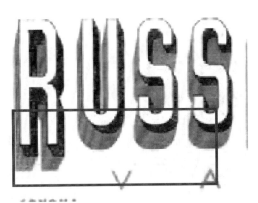

　　复古风格的特点就是颜色纯度较低，这种颜色给人一种色彩情绪。在众多网页设计中，复古化的风格最能传达产品给人的美好记忆和敬意，从而引发人们的情感共鸣。

关键色：

色彩印象：

　　米色展现了一种淡雅的感觉，深灰色给人一种低调、神秘的视觉感受。

支一招：

　　太过低调的配色使页面沉闷，加一些灵动的颜色可以使画面更具活力。

　　页面中的LOGO使用不同明度的蓝色绘制，使LOGO更具层次和立体感，加深浏览者对产品LOGO的印象。

　　页面中的文字采用一侧对齐的方式组成三个模块，使页面整体统一，上部的文字采用居中方式可以将人们的视线集中。

　　这种布局我们称为"三"字结构的网页设计，这样的结构让人产生一种自然的从上到下的阅读顺序，使得页面更有条理性。

　　复古化设计风格的配色方案

二色搭配　　　　　　　　　三色搭配　　　　　　　　　多色搭配

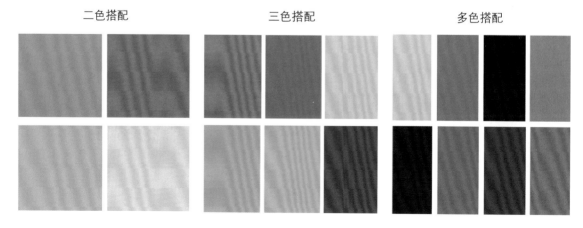

复古化的设计风格最吸引人的地方就是通过这个网页设计能让人回想起某个遗忘的事物或者故事，也会让人陷入思考和回忆，"以情动人"地吸引浏览者的注意力。

关键色：

色彩印象：

卡其色和褐色都属于低纯度颜色，两者搭配可产生复古的、怀旧的色彩情感。

支一招：

选取主色调困难的时候，我们可以使用产品上的颜色，这样不但不会使页面显得突兀，还能与主题相契合。

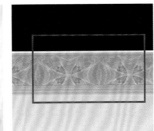

图文搭配的方式可将网页要展示给读者的内容清晰地展示出来。

在导航栏的下方添加了一些图腾图案的点缀，使页面更具艺术感。

在页面中产品 LOGO 的外围使用了花边设计，文字和图片的结合贴合主题，使整个 LOGO 显得精致，又可以加深人们的视觉印象。

复古化设计风格的配色方案

二色搭配	三色搭配	多色搭配

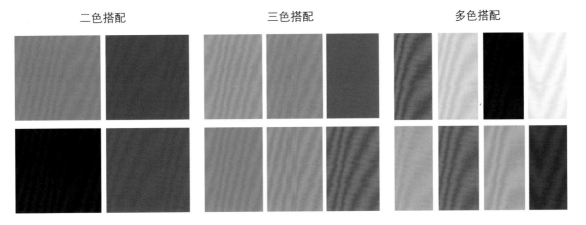

第6章

不同类型的网页设计

随着网络越来越发达，网页宣传也走进了我们的生活。网络行业的崛起伴随着无数的商机，随之产生了无数不同类型的网站，大到搜索引擎、电子商城，小到企业网站甚至是个人网站、自媒体微站。可利用网站来进行宣传、产品资讯发布、招聘等。随着网页制作技术的广泛应用，很多人也开始制作用于个人宣传、作品展示的个人主页，如摄影师、设计师等。常见的网页类型包括商业企业、综合购物、影视娱乐、教育文化、多媒体数码、产品类网站、休闲生活类网页、个人主页等。

商业企业的网页设计关乎一个企业的成败，这种说法可能让人感觉过于严重，但是在当今社会网络已经越来越接近人们的生活，作为一个商业企业更应该慎重地对公司的网站进行设计。企业应该按照发现和验证市场机会、系统思考、提炼产品概念、产品定义、财务分析和提供组织保障等方面设计适合自己的商业模式网站。

1. 商业企业网页设计的构成特点

• 首先根据企业的产品需要确定面向的市场，因为商业网站主要是为了能够吸引顾客。例如，要根据面向的顾客群和产品的特性合理设计网页的风格。

• 商用网页的设计大多使用趋向于标准化的网页设计风格，这种风格布局比较全面，可以满足商业网页所承受的内容信息的数量和模式。如上图中的导航栏、布局及图片展示给人一种整洁的感觉，让人们在浏览网页时就对自己关注的产品有种放心的感觉。

颜色搭配：

• 通常，一个商业网页的设计会选取让人冷静、让人产生信任的颜色搭配。如上图中的蓝色给人一种清爽、郑重的感觉，使人在看到网页时就很放心。

2. 商业企业网页设计的常用配色方案

电子产品类网页配色：以下两种色彩搭配给人一种时尚炫酷的感觉。红色作为明亮的色彩又给人一种刺激视觉的感受。

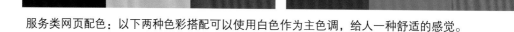

服务类网页配色：以下两种色彩搭配可以使用白色作为主色调，给人一种舒适的感觉。

3. 商业企业网页设计的常用表现方式

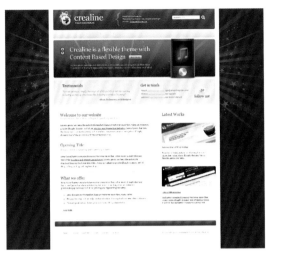

　　该网页中使用前后结构表现出商业网页的重点内容信息，在主页面上红色部分重点突出导航栏的设计，使人一眼就能关注到企业的 LOGO，留下深刻记忆。

　　顶部通栏的背景色吸引人们的注意力，个性的 LOGO 给人留下深刻的印象，页面中主题内容的布局规范让人感到页面整洁，底部添加一些互动方式使人对页面充满兴趣。

4. 商业企业网页设计的颜色确定技巧

　　每个商业企业都有属于自己的标准色，例如"LOGO"的颜色，可以根据企业的标准色来进行搭配。页面中的模块、导航栏等都可以是相同或是纯度不同的颜色。

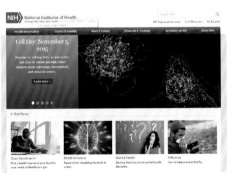

商业企业网页设计相对其他类型的网页设计要更正式。无论什么方向的商业企业，展现给人的形象要让人有信任感才是重要的，太过花哨或个性的网页可能会吸引人们的注意力，但是也会影响浏览者的心情。

关键色：

色彩印象：

深红色和土黄色是邻近色，因为明度和纯度都比较接近，搭配在一起给人舒适和谐的感觉。

支一招：

使用明度低的颜色作为主色调，可以搭配白色为辅助色，这样使页面没那么沉闷。

使用大幅的图片展示企业相关内容，使人直观地了解到网页想给人传达的重点信息。

通常，页面中的 LOGO 都会选择摆在左上角，这也符合人们浏览网页的习惯，LOGO 的底色使用与背景纯度不一致的红色，起到了区分、突出的作用。

使用别致的线条设计，作为模块与模块之间的分隔线，不仅不会破坏画面整体的美感，又使得画面更精致。

商业企业网页设计的配色方案

二色搭配　　　　　　三色搭配　　　　　　多色搭配

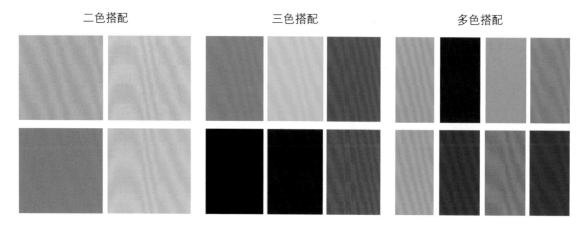

商业网站的页面要给人干净整洁的感觉，让人在浏览时能快速找到自己要关注的内容，合理的布局、清晰的模块给人一种专业的感觉。

关键色：

色彩印象：

不同明度的蓝色与黑色搭配，具有理性、智慧的特点。

支一招：

黑色、白色、灰色都是无彩色，在图中大量使用不会造成页面颜色的冲突。

使用立体结构展示产品的内容信息，使整个页面富有科技感。

底部使用蓝色和黑色搭配，使页面有一种重量感。

页面中使用六边形纹理作为背景，使页面有一种很强的质感。

商业企业网页设计的配色方案

二色搭配　　　　　　　三色搭配　　　　　　　　　多色搭配

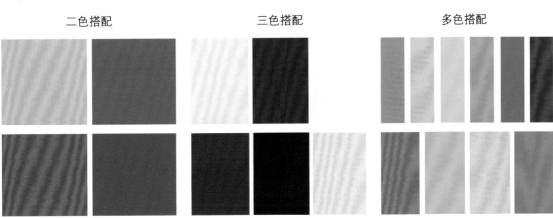

119

06

不同类型的网页设计

随着人们生活水平的提高，生活节奏的加快，网上购物成为生活的重中之重，购物类网站使人们足不出户就可以购买到自己需要的商品，节省了大量的休息时间。

1.综合购物网页设计的构成特点

• 一个完整的购物网页一定要有标准的导航栏，这样有利于将繁多的商品进行分类，方便人们寻找到自己想要的种类。如上图中导航栏固定在页面左侧，人们在滚动鼠标浏览时，导航栏是固定的，这样方便浏览者随时切换其他产品。

• 综合购物网站少不了使用搜索功能。如上图搜索功能占据的模块特别大，比较吸引人们的注意，方便人们及时搜索到自己想要的产品。

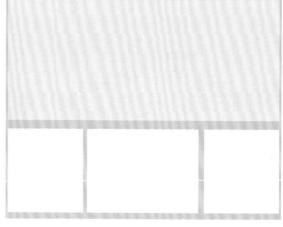

• 模块清晰化，使用大小模块可区分商品宣传的主次。如上图中使用大图片展示宣传的重点内容，以吸引人们的视觉注意力。

2.综合购物网页设计的常用配色方案

儿童商品类网页配色：纯色的搭配非常显眼，使页面有活力。

户外产品类网页配色：以下两种分别是女性和男性户外风格的搭配，使用粉色与灰色、蓝色与灰色，分别展示出女性的柔美与男性的健硕。灰色又给人一种高贵的感觉。

3. 综合购物网页设计的常用表现方式

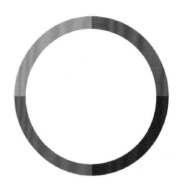

这是一个休闲包包的网页设计。使用大图片展示产品和相关的促销内容，使人们的注意力集中起来，对产品产生更大的关注，达到宣传作用。

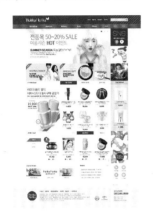

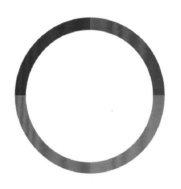

这是一个化妆品的网页设计。整个页面的信息量比较大，模块分类众多，但是主要使用紫色作为页面的主色调，使整个页面不至于那么凌乱，反而显得很精致。

4. 综合购物网页提高点击量技巧

提高购物网站图片的分辨率、质量，可以向使用者展示他们想要的细节，确保每个图片都能描述细致，还可以描述同类产品间的不同之处。这样的网页能够有效地增加订单转化率，提高用户的购买欲望。

在综合购物类网页中，不论是什么产品种类，无疑都包含了大量的产品内容信息，当我们浏览完感兴趣的产品后，再继续浏览其他产品，除了可以使用搜索功能直接跳转，还可以使用点击相应文字（如点击LOGO）回到首页，继续浏览其他产品。

关键色：

色彩印象：

　　蓝色和红色是对比色，分别能够吸引人们的注意力，黄色和绿色是邻近色，用于同类商品展示。

支一招：

搜索框的设置尽量显眼，这样可以吸引人们的注意力，以防页面内容较多时，一时找不到。

　　作品中人物穿着的衣服的颜色与网页的配色相互呼应，使页面和谐统一。

　　产品展示的背景使用红色，可以增加识别度。

　　通过图片我们可以观察到，该网页的导航栏是固定不动的，当人们浏览到任何一处，点击导航栏都可以回到首页，方便操作。

综合购物网页设计的配色方案

二色搭配　　　　　　　　三色搭配　　　　　　　　多色搭配

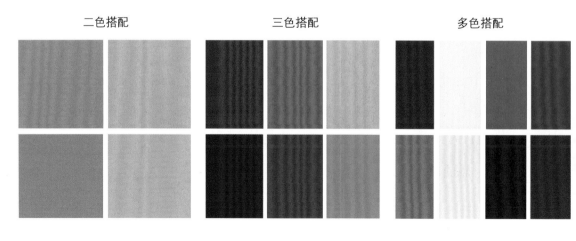

综合购物类网页要有明确的分类，可以按照功能、种类等进行分类。首页要按内容的主次进行合理的布局，完善的布局模块可以使浏览者在浏览过程中享受愉快的购物体验，提高用户的购买率。

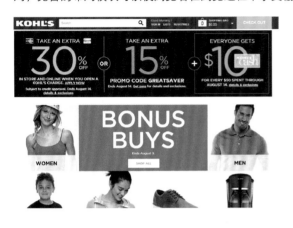

关键色：

色彩印象：

蓝色作为背景色，给人一种冷静沉着的感觉，搭配明度比较高的黄色和绿色，能突出重点内容。

支一招：

页面布局清晰的划分会给人一种整洁舒适的感觉。

使用包围中心的构图方式，将内容信息置于中间，突出想要重点表达的内容信息。

使用简单的直线作为分割两个模块的分界线，不突兀。

LOGO、搜索框的背景色是灰色，颜色有重量感却不抢夺视觉注意力。

综合购物网页设计的配色方案

二色搭配	三色搭配	多色搭配

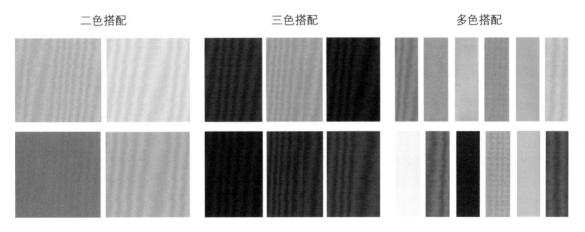

123

06

不同类型的网页设计

随着人们对网络生活的依赖，出现了越来越多的网页类型来满足人们的休闲生活。网络上商业之间的竞争也日渐激烈，可通过个性化的网页设计，如"构图"等，提高人们浏览网页的兴趣。

1. 影视娱乐网页设计的构成特点

• 对于影视类的网页设计，随着内容的不断更新，需要展示的内容也逐渐增多，有时要设计一个构图严谨的网页来表现繁多的内容，如上图给人的感觉虽是内容丰富却是整洁舒适的。

• 影视类的网页要有足够大胆的构图来吸引人们的视觉注意力。如上图中背景的图片颜色和构图都给人一种视觉冲击，使网页更具吸引力。

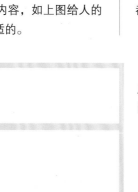

• 根据要表达的主要内容对网页的风格进行相应设计，以符合网页当下想表达的重要信息。如左图使用黑色作为主色调，给人一种神秘感。

2. 影视娱乐网页设计的常用配色方案

影视类网页配色：蓝色和黑色都是神秘的色彩，给人一种深邃的感觉，而明度比较高的颜色又起到突出的作用。

娱乐类网页配色：纯度高的颜色对人的视觉冲击力大，可以提高人们的兴趣。

 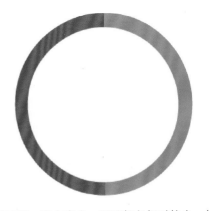

单纯的背景与彩色的模块搭配使网页看起来清新、活泼，视觉清晰，重点突出。网页颜色相对较少，但是不显得空，整个画面不但不单调，反而看起来更精致、灵动。

 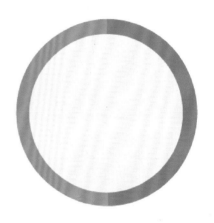

蓝色和绿色的搭配使整个页面显得清新、活泼、富有生机，米色的运用则使页面的颜色显得没有那么强的视觉冲击力。

4. 影视娱乐网页设计的排版技巧

图片之间的距离尽量留到最大。最能吸引用户的，不外乎是海报，但是密密麻麻的海报堆在一起，无疑给用户造成了浏览的不便。看着这堆海报，眼睛都花了，更别说去看内容了。

125

06

不同类型的网页设计

影视娱乐类网页通过对页面的构图、颜色等的设计，突出网页的重点内容，吸引人们的视觉注意力。

网页色彩搭配宝典

06

126

关键色：

色彩印象：

　　土色和褐色给人一种亲近感，两种颜色搭配在一起又给人一种奢华感。

支一招：

　　图片的演示可以不用特别完整，不完整的图片可以提高人们的兴趣。

　　模块中采用半透明的底色设计可以增加版面的空间感。

　　页面中的光效使页面形成了明暗的对比效果，使页面更具吸引力。

　　为背景添加了风景图作为暗纹，使背景的内容既丰富，又不会很抢眼。

影视娱乐类网页设计的配色方案

二色搭配	三色搭配	多色搭配

影视娱乐类的网页是为广大兴趣爱好者专门开发的网页类型。所以具有一定的针对性，在设计时可以根据其内容特点设计一些独特的布局，表达出网页的个性，吸引视觉注意力，加强网页的宣传。

关键色：

色彩印象：

红色作为 LOGO 的背景色，起到了醒目和突出重点的作用。

支一招：

有时候字体要根据网页的设计风格来确定，可以个性，也可以标准。

使用同等大小的矩形对页面进行分割，使页面整齐划一，以不同角度表达内容，展示了页面的多元化。

LOGO 的背景造型独特，使人印象深刻。

将产品以照片的形式进行组合，并搭配个性的文字，使整个页面内容丰富、饱满。

127

06

不同类型的网页设计

影视娱乐类网页设计的配色方案

二色搭配　　　　　　　三色搭配　　　　　　　多色搭配

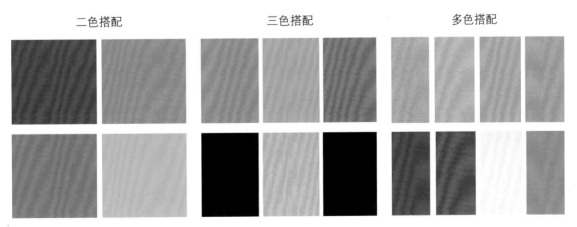

学习自古以来都是最重要的事，现在人们都喜欢先对某些事物进行了解之后再学习，所以出现了越来越多的教育文化类的网站来满足人们对知识的需求，也方便人们随时随地学习。

1. 教育文化类网页设计的构成特点

- 学习对于大多数人来说都是相对枯燥的，所以在学习类的网页设计中要尽量添加吸引人们眼球的元素。如上图使用大图片作为重点突出的内容，给人一种视觉冲击力。

- 使用规整布局来表现学习类的网页设计，使网页更加有信服感。如上图使用颜色来分割页面，给人一种整洁舒适的感觉。

- 针对不同大小的模块使用文字和图片进行填充，以图文结合的方式向人们全面介绍页面要传达的内容。

2. 教育文化类网页设计的常用配色方案

教育文化类网页配色：使用明度高、纯度高的颜色搭配可让人有一种神清气爽的感觉。

3. 教育文化类网页设计的常用表现方式

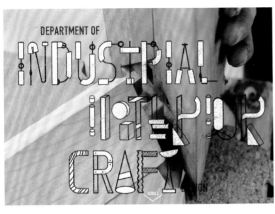

将网页想要传达的学习内容以图片的形式表现出来，生动又立体。个性的文字使网页更富有个性化。

作品中的白色背景给人一种干净、利落的视觉印象。作品的简约设计能使用户更加全面、清晰地浏览页面。

4. 教育文化类网页设计的色彩技巧

色彩的应用原则应该是"总体协调，局部对比"，这样才能更好地为用户传递教育信息。教育网站的服务对象是师生、教育管理工作者及关心教育文化的人士。目的是让他们在此得到需要的有关教育文化的信息。色彩运用太多、太乱，会影响教育类网页的质量。所以页面一定要给人一种清新、舒畅的感觉。

色彩搭配：

教育文化类网页要表达的内容比较多，所以要进行合理的布局，不要过于奇特，否则会给人一种浮夸感，不符合知识给人的郑重感。

关键色：

色彩印象：

红色是一种崇高的象征，会紧紧抓住人的眼球，其他颜色作为页面的辅助色以小面积存在，对页面颜色进行了点缀。

支一招：

当使用的图片中颜色较多时，尽量不要在页面中添加过多的颜色，以免造成视觉混乱。

作品以白色为主色调，以红色作为点缀色，这样的搭配给人一种干净、简单的感觉。

满屏式的布局方式使页面舒展、大气。该页面将图片作为视觉重点，可以将商品完整展现出来。同时规整的界面给人一种信任感。

将 LOGO 置于导航栏的中心位置，强调了品牌的重要性，又给人很强的视觉冲击力。

教育文化类网页设计的配色方案

二色搭配　　　　　　　三色搭配　　　　　　　多色搭配

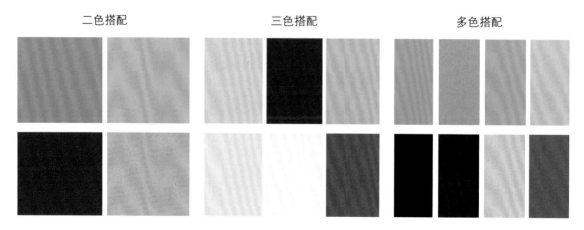

教育文化类的网页设计要让人产生足够的信任和兴趣。所以要考虑如何表达一个教育文化类的网页，以达到吸引人注意力的效果。

关键色：

色彩印象：

高明度的色彩作为主色调，白色的背景将黄色凸显得更加鲜艳。

支一招：

干净的配色更能凸显网页的主题。

该页面的布局规整，没有过多的装饰，简约的风格使人印象深刻。通过大图展示内容，方便了解。

作品使用图文并茂的方式，使人对页面中的内容一目了然。

该作品中的色彩统一、和谐，为页面营造了良好的氛围。

131

06

不同类型的网页设计

教育文化类网页设计的配色方案

二色搭配   三色搭配   多色搭配

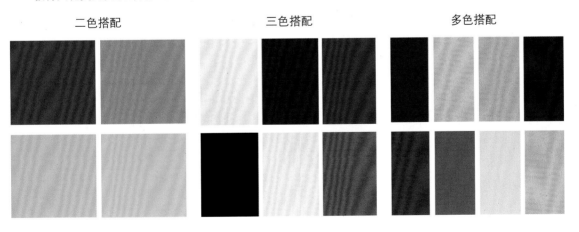

6.5 多媒体数码

多媒体数码类的网页设计风格一般比较简单，它们不会追求出其不意的设计风格，而是偏向于大众主流，显示出一种大气稳重的风范，但毕竟是多媒体类的产品，与先进的科技感与时尚感是密不可分的。

1. 多媒体数码网页设计的构成特点

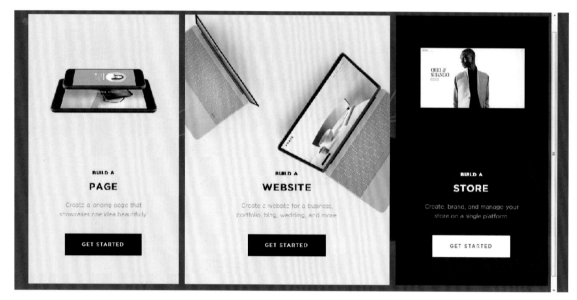

• 全方位立体化地展示产品，使产品更具吸引力，并达到很好的宣传效果。如上图产品在页面中的摆放独具个性，再加上其本身就属于科技类产品，更让人们觉得炫酷十足。

• 使用颜色渲染神秘感，博取眼球冲击效果。如上图使用灰色作为主色调，增强了网页的视觉吸引力。

• 模块生动化，页面立体化。当人们通过浏览网页了解自己感兴趣的多媒体科技产品时，他们更想全方位地了解产品，所以具有吸引力的网页配色和布局，会让人看上去就觉得很炫酷，刺激了人们的购买欲，达到了好的宣传效果。

2. 多媒体数码网页设计的常用配色方案

多媒体类网页配色：因为和科技有关，尽量使用能给人神秘感的颜色搭配，更能吸引人们的注意力。

3. 多媒体数码网页设计的常用表现方式

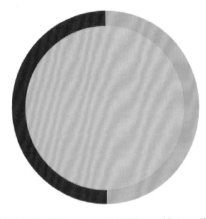

页面中的产品使用第一视角的感觉表现，让人在浏览时有种身临其境的感觉。灰色是无彩色，给人一种高贵感。

作品使用白色调作为背景，黄色作为点缀。黄色给人一种轻快、透明的感觉，使页面更具吸引力。

4. 多媒体数码网页充满科技感的技巧

一个多媒体数码网页要给人一种科技感是很重要的。要让人们在浏览时首先感觉到页面的专业科技感，使人们放心地选择产品，提高订单量和宣传率。例如，充满神秘感的色彩与炫酷感的素材搭配是不错的选择。

　　多媒体数码网页设计可以依靠色彩搭配来渲染出产品的炫酷、神秘等。例如，深色调的色彩给人一种冷静、理智的视觉感受，低明度色彩基调给人一种神秘的感觉。

关键色：

色彩印象：

　　红色给人强烈的视觉刺激，大面积的红色可以吸引人的眼球。

支一招：

　　在使用单一色调进行网页设计时要适当添加高光或阴影来给页面制造空间感。

　　采用第一视角展示产品，使浏览者有一种身临其境的感觉。

　　模块采用半透明的底色设计可以增加版面的空间感。

　　文字采用左对齐的方式使页面整齐、统一。作品中没有过多的文字，提高了版面的可识别性。

多媒体数码网页设计的配色方案

二色搭配　　　　　　　　三色搭配　　　　　　　　多色搭配

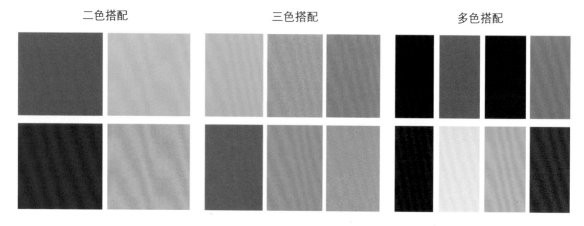

为了方便网上购物，一个强大并且安全的网络购物平台是必不可少的，特别是多媒体数码产品，人们本来就对陌生的产品不了解，在选购相关的产品时，一个展示全面内容的网页更具吸引力。

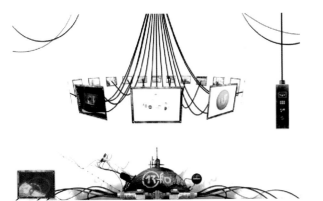

关键色：

色彩印象：

　　灰色给人一种雅致、时尚的气息，同时又有一种金属的质感。

支一招：

留白可以增加页面的空间感。
在页面中使用线条时要尽量根据产品的特性设置合适的布局，以免造成页面的混乱。

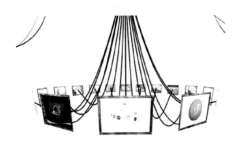

　　作品使用大面积的留白为页面营造空间感，使页面中的产品更加突出。利用线条使页面看上去更合理。

　　这个细节上的设计有一种从画面外部引来了一根线的感觉，吸引人的注意力。

　　使用深浅不一的颜色表示线条，使页面空间感十足。

多媒体数码网页设计的配色方案

二色搭配　　　　　　　三色搭配　　　　　　　多色搭配

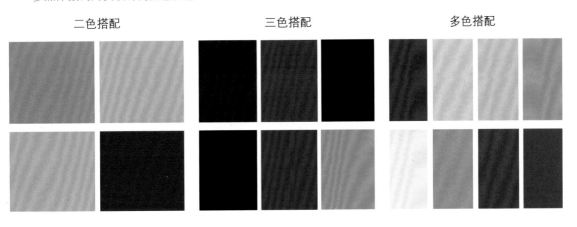

产品类的网页设计相对于其他网页的设计来说，付出的辛苦要更多，设计必须能够吸引访客，引导他们关注、宣传并购买产品。在设计此类网页时，需要掌握一些技巧，如产品网页要精巧、尽量减少购买时烦琐的流程、突出产品的特点、智能化搜索过程等。

1.产品类网页设计的构成特点

• 通过完善的布局和整齐的文字内容表现一些比较专业化的产品，加深人们的信任感。如上图属于医疗产品的网页设计，除了使用生动的图片说明之外，还要以较多的文字进行说明，使网页更具专业化和信服力。

颜色搭配：

• 通过产品所表现出来的某些特性来设计网页的风格和色彩搭配，可更全面地对产品进行宣传。如上图蓝色给人清爽舒适的感觉，就像产品给人的口感一样。

• 有时候产品的网页设计也需要借助一些卡通形象、人物形象作为辅助，以提高商品的灵活性和知名度。如左图所示，背景图片使用厨房，给人亲近的感觉，使用蓝色大象作为产品形象，表现出产品的亲昵性，给人一种舒适感。

2. 产品类网页设计的常用配色方案

美食产品类网页配色：美食类的网页建议多用红色和褐色的搭配，纯度可以根据食品的特色进行选择。

服饰类网页配色：色彩搭配要尽量鲜艳，使用明度高的颜色，使得页面更具吸引力。

3. 产品类网页设计的常用表现方式

使用滚动播放的方式展示产品可给人一种新奇感，这种浏览方式也减少了翻阅的时间，使人们一目了然地找到自己想要的产品并加以了解。

这是一个饮品类的网页设计。不难看出主要的宣传重点是"天然"，使用蓝天、白云作为背景，给人一种自然的感觉，用瓜果蔬菜在产品周围加以点缀，更好地衬托出饮料的原料是天然的，可使人们对产品的印象更有好感。

4. 产品类网页设计打造精致页面的技巧

因为是产品类的网页设计，主要宣传目的是使产品有更多的认知度，所以要使用尽量简短的文字介绍，使网页有精致的效果。如右图使用较少的文字表达出页面的主旨，通过图片传达给人们自然健康的产品理念。

一个产品类的网页设计要在吸引人们视线的同时，将产品的特性和重点内容全面展示给人们。使用不同模块进行分类说明的方法可使页面看上去规整、有条理。

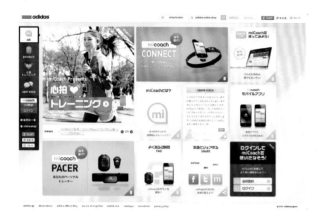

关键色：

色彩印象：

大量绿色与黄色结合在一起形成一种和谐的渐变，不但突出了产品轻快、自由的特点，还构成了清新健康的画面风格。

支一招：

图片的选择和摆放突出了整个画面的重点，可以快速地向人们传达信息。

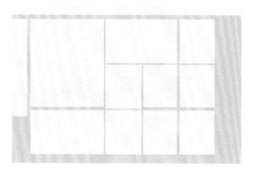

作品的整体结构紧凑，条理分明，每个模块都使用了渐变色，可以增强版面的空间感。

整个页面使用纯度较低、明度较高的四种颜色组成背景，使页面有一种梦幻的感觉。

使用不同纯度的绿色圆点为模块做点缀，使模块更具装饰性。

产品类网页设计的配色方案

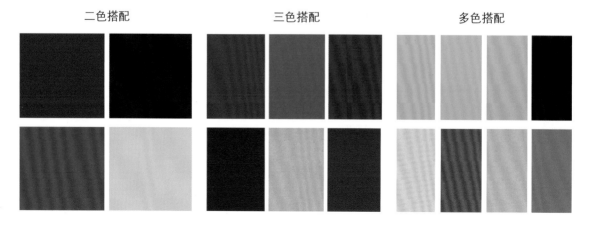

| 二色搭配 | 三色搭配 | 多色搭配 |

产品网页设计的目的主要是宣传产品,所以使用产品本身给人的吸引力才是真正宣传一个产品的最佳方法。使用生动的表达方式展示出产品的制作过程或产品的优点,以达到吸引注意力的效果。

关键色:

色彩印象:

青色给人一种淡雅的印象,具有骄傲、华丽的品质,又给人一种轻薄神秘的感觉,就像美食给人的诱惑。

支一招:

使用对话框的形状作为文字模块,可以为页面增添一丝灵动感。

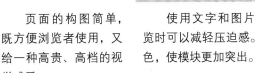

139

06

不同类型的网页设计

页面的构图简单,既方便浏览者使用,又给一种高贵、高档的视觉感受。

使用文字和图片相结合,在用户浏览时可以减轻压迫感。使用渐变作为背景色,使模块更加突出。

页面中用直接展示的方式设计导航栏,使导航栏与页面形成一体,不会显得突兀。

产品类网页设计的配色方案

二色搭配	三色搭配	多色搭配

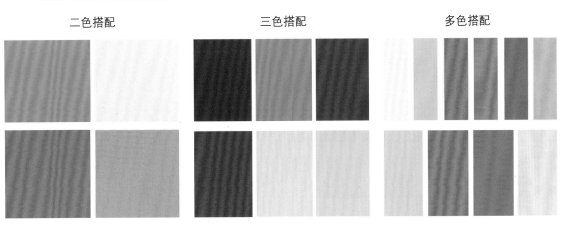

休闲生活类网站顾名思义就是指用来丰富人们的休闲时光的网站，越来越多的网页类型层出不穷，为了更大地满足人们的需要，一种以休闲活动、网页互动、娱乐为主题的网页出现在人们的视野中。人们可以通过浏览此类网页了解娱乐活动或是度假景区的信息，也可用于填充碎片化的时间，使得生活更加充实。

1. 休闲生活类网页设计的构成特点

• 使用真实可靠的信息和图片可使人们在浏览时产生兴趣，从而达到宣传的目的。一些户外的休闲娱乐设施就是通过这样的方法来提升客流量的。

• 使用图文并茂的方式可吸引人们的注意力。如上图，中心以图片作为展示，图片的蓝色过渡给人一种空间感，使人有一种身临其境的感觉。将休闲地点的所有内容信息以图文结合的方式介绍，使人们能够全面地进行了解。

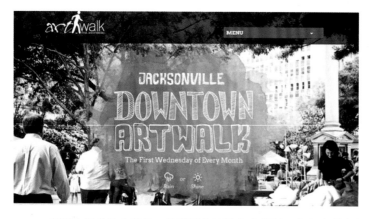

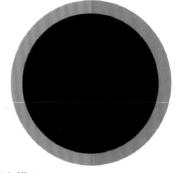

颜色搭配：

• 使用大图片作为背景，使用颜色渲染文字标题，突出表现出页面的内容信息。而后面的图片背景又向人阐述了页面想要传达给人和谐惬意的休闲生活，与色彩搭配形成照应，给人一种轻松愉悦的感觉。

2. 休闲生活类网页设计的常用配色方案

休闲生活类网页配色：使用一些清新亮丽的颜色，可以使人心情舒畅。

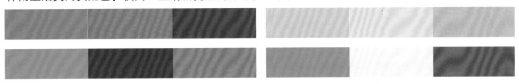

3. 休闲生活类网页设计的常用表现方式

这是一个与旅游相关的网页。旅游也是休闲生活的一部分，这类网页主要给人的感觉就应该是休闲惬意的，所示页面主要使用褐色作为主色调，给人一种轻松的视觉感受。

这是一个关于运动健身的网页设计。越来越多的人喜欢用运动健身来充实自己的生活，达到强健体魄的目的。这个网页使用左右对称的形式分别表现男女两种不同的健身方式，在形成对比的同时，又给人一种公平和谐的感觉。

4. 休闲生活类网页设计的色彩搭配技巧

休闲生活类网页除了要与所宣传的休闲活动的主题色相贴近之外，也要遵循页面要传达的舒适轻松的感觉，因此页面要尽量使用较少的颜色搭配，颜色过多会给人一种紧张感，不利于放松身心。如右图中的蓝色给人一种清爽的感觉。

　　休闲生活类网页大概就是指人们日常闲暇时所使用的网页，也就是一切与休闲生活有关的内容。图片能让人很好地了解到页面传达的信息。

关键色：

色彩印象：

　　深蓝色给人一种神秘的感觉，让人有更多想象空间。

支一招：

　　图片的选择和摆放能让整个画面突出重点，可以快速地向人传达信息。

　　该作品使用大小不同的三张图片作为页面背景，颜色比较丰富，使用一个纯色的模块作为文字说明，使其更明显、突出。

　　页面中人物愉快的表情感染着每一个浏览者。

　　没有使用正方形，而是使用涂抹效果绘制出的模块，使页面显得没有那么拘谨。

休闲生活网页设计的配色方案

二色搭配　　　　　　　　三色搭配　　　　　　　　多色搭配

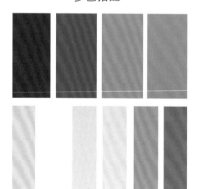

休闲生活类的网页首先要在视觉上给人一种清爽、舒适的感觉。布局要尽量大气，不要放密密麻麻的方块和太多的文字说明，否则会给人一种厌倦感。

关键色：

色彩印象：

　　蓝色作为导航栏的颜色给人一种清爽醒目的感觉。绿色的背景给人一种自然舒适的感觉，搭配黄色使人觉得眼前一亮。

支一招：

　　页面底部使用深色调符合人们的视觉习惯，让眼睛感觉很舒服。

作品利用满屏的布局，以文字包围中心的方式使用户的视线更加集中。

使用左右滚动的方式更换图片，节省了浏览的时间。

作品中的导航栏使用白底黑框，使其清晰地显示在视线中。LOGO 置于中心位置，吸引了一定的视觉注意力。

休闲生活类网页设计的配色方案

二色搭配　　　　　　三色搭配　　　　　　多色搭配

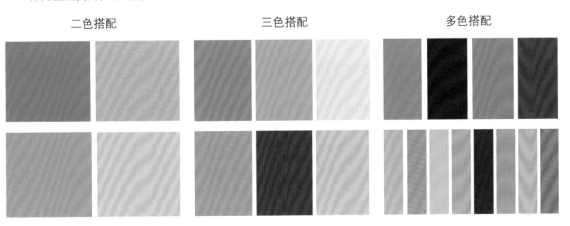

143

06

不同类型的网页设计

个人主页型的网页结构大体上相似，仅仅是组织形式不同而已。个人主页主要表现个人的爱好、性情等，带有明显的个人特征，设计形式可以多样化。无论是表现理智、理想，还是表现爱好等，都可以作为个人表现的一种设计基础。

1. 个人主页类网页设计的构成特点

• 可以根据个人喜好设计自己喜欢的风格。如左图所示，整个风格给人一种怀念和复古的感觉，可能是受到个人的阅历和经历影响。总之，个人主页要有让人一看就觉得与自己相符的风格。

颜色参数：

C:	65%
M:	38%
Y:	100%
K:	0%

• 通过简单的布局和配色凸显重点的内容信息。如上图使用纯度较高的绿色作为背景色，没有过多修饰，使人们的视线集中于内容信息。

• 使用大图片作为背景并加以文字说明。如左图对大图片进行了变暗处理，使前面的文字凸显出来，但是大图片的变暗又使整个画面给人一种神秘的感觉。

2. 个人主页类网页设计的常用构图模式

3. 个人主页类网页设计的常用表现方式

这个作品用大图片作为背景，使网页的内容信息显而易见。模糊效果为页面制造出一种神秘感。文字的个性化摆放使整个页面充满趣味性。

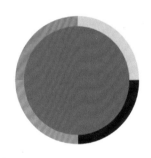

使用卡通文字使页面充满了个性和童趣，文字的设计有很多细节之处，例如文字的小装饰和颜色，使整个画面显得尤为精致。

4. 个人主页类网页设计的个性化技巧

首先，个人主页类网页设计一般都是根据个人喜好来确定自己的风格。有几种风格可以添加在自己的个人主页里以提升个性，如三维效果。

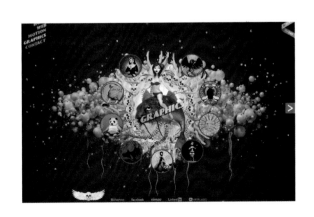

可以根据自己喜欢的风格、爱好等设定属于自己的风格。根据一些元素展示出个人主页的独特性来吸引人关注自己。

关键色：

色彩印象：

深绿色可以给人安心感和希望，通过与蓝色搭配可以表现出宁静的效果。

支一招：

使用手绘和高清图片结合的方式进行设计，可以增加页面的趣味性。

该作品使用手绘的风格，使页面更加卡通有趣，打造出一种轻松愉悦的氛围。

页面中利用颜色的明暗变化使画面层次分明，更具空间感。

使用对话框的形式表示文字内容，使文字更加生动形象。

个人主页类网页设计的配色方案

二色搭配　　　　　　　　　　三色搭配　　　　　　　　　　多色搭配

个人网页主要的宣传对象就是自己，可以将网页设计得很有个性，也可以布局得很标准。可以通过图片或构图表现自己，当然也可以通过大量的文字作为辅助进行介绍。

关键色：

色彩印象：

橘色给人一种收获的感觉，也有让人振作的力量，同时可以点亮空间。

支一招：

当页面中的颜色明度过高时可以使用白色作为搭配色，以缓解视觉上的冲击。

在导航栏的背景色中添加了一点渐变效果，使导航栏更加引人注目，独具特点。

页面中整体色调和谐统一，整体性极强，给人良好的视觉感觉。

作品图文并茂，简单的图案配上清晰的文字布局，使页面大气并具有时代感。

个人主页类网页设计的配色方案

二色搭配	三色搭配	多色搭配

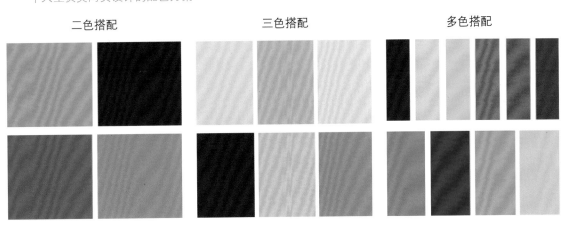

147

06

不同类型的网页设计

第 7 章

网页的色彩情绪

色彩是通过眼睛、大脑和我们的生活经验所产生的一种对光的效应。色彩对于我们的生活一点都不陌生，五颜六色的世界，会给人带来最直观的感受。色彩给人的感觉受到很多因素影响，任何一种变化都会影响人们对色彩的认识。所以这里我们将色彩分为冷与暖、轻与重、柔与硬、前进与后退、标准与个性、平淡与刺激、朴实与华贵、古朴与青春等。

色调根据人的心理感受可以分为暖色调和冷色调，暖色和冷色分别给人温暖、凉爽的感觉。色彩的冷暖是相对的，这样的色调是人们在长期生活实践中通过联想而形成的。

1. 网页色彩中冷与暖的构成特点

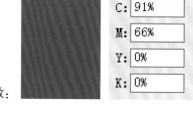

颜色参数：

C: 91%
M: 66%
Y: 0%
K: 0%

• 设计中要根据产品的特性，确定页面的主色调。蓝色给人一种清爽、纯净的感受，如上图中蓝色和"水"产品给人一种清凉感。

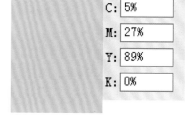

颜色参数：

C: 5%
M: 27%
Y: 89%
K: 0%

• 色彩的冷暖感觉是相对的，不是绝对的，是比较而言的。如上图中黄色就比红色显得更温暖一点，因为黄色的面积所占比例较大。由于是食物类的网页，使用黄色能引起人的食欲。

颜色搭配：

• 网页设计中也可以使用冷暖色的对比来表现商品之间的对比，以吸引读者的注意力。如上图使用不同颜色作为背景，冷暖颜色分别代表相应的口味，使页面内容和谐统一，给人一种舒适的感觉。

2. 网页色彩的冷与暖在设计中的常用配色方案

暖色调的颜色搭配可以应用的领域：食品类、服饰类的网页设计。

冷色调的颜色搭配可以应用的领域：饮料类、产品类的网页设计。

冷与暖的颜色搭配可以应用的领域：产品类、展示类的网页设计。

3. 网页色彩冷与暖的常用表现方式

作品的颜色纯度较高，使页面看上去健康、充满活力。黄色和红色是邻近色，搭配使用使画面显得更加生动活泼。

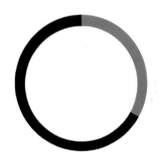

该网页为低明度的色彩基调，深色调的配色方案给人一种冷静、理智的视觉感受。明暗对比效果使页面的层次更分明。

上图是美食类的网页。红色是暖色调，绿色是冷色调，两种颜色搭配在一起，使红色更红，绿色更绿。加入白色的字体在视觉上做缓和处理，使得页面活泼且有吸引力。

4. 在网页色彩中寻找冷暖色调的技巧

有些人可能很难掌握冷色调和暖色调的具体区别，单纯地说这是一种色彩情绪又会让人觉得难以理解。所以在这里我们将冷色调在颜色条上表示出来，如右图所示，这一部分相对而言是冷色调，剩下的是暖色调。可以通过更改冷色调颜色的纯度进行冷色调的色彩搭配。

7.1.1　冷暖色调的对比

冷暖色彩给人心理情感上带来的变化是很丰富的。客观地讲，色彩本身并无冷暖的温度变化，引起冷暖变化的原因是人的视觉对色彩冷暖引起的心理联想。使用颜色对比可衬托产品的重点内容。

关键色：

色彩印象：

　　黄色和绿色为页面营造出了一种空间感，两种颜色又是对比色。白色的加入使页面具有了生机和活力。

支一招：

使用白色不仅可以缓和页面的视觉冲击，也可衬托产品，使整个页面干净、整洁。

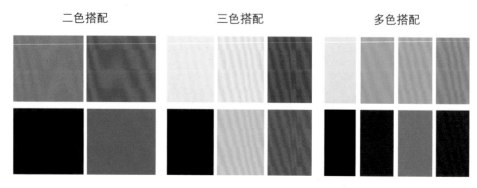

　　左右对称是网页布局中最为简单的一种结构。"左右对称"所指的只是在视觉上的相对对称，而非几何意义上的对称，这种对称性结构便于浏览者直观地读取主体内容。

　　将文字置于页面中间，可以使浏览者的视觉集中。使用明度低的颜色又可以使文字醒目。

　　页面使用大量留白，营造了一种自由的气氛。模块内严谨、统一，方便了浏览者阅读。

冷与暖网页的配色方案

| 二色搭配 | 三色搭配 | 多色搭配 |

　　冷与暖原本是人的皮肤对外界温度变化的感觉，色彩的冷暖感觉是由物理、生理、心理及色彩本身等综合因素决定的，例如看到阳光或火时会感到温暖，站在雪地里或者黑暗的地方会感觉寒冷。这种生理、心理及条件反射等因素，会使人在看到红、橙、黄色时感到温暖，看到蓝、蓝紫、蓝绿色时感到寒冷。所以，在网页设计中应该根据对产品特性的分析，决定页面的主色调。

图一

图二

关键色：

色彩印象：

　　黄色系给人一种温和的感觉，就像果汁给人的丝滑感觉一样。

　　蓝色系给人一种清爽的感觉，使人在浏览时心情舒畅。

支一招：

　　通过不同的产品搭配相应的颜色，可防止造成浏览者的视觉混乱。

153

07

网页的色彩情绪

　　图一使用中心构图的方式，可以让人的视线迅速集中在主体上。配以背景的色彩以及产品的颜色，使页面具有冲击力。

　　页面中使用标准的导航栏，使读者不仅不会因为独特的页面结构产生混乱，反而可以使浏览者将注意力集中于模块分割出的页面中心。

　　两个页面中使用不同纯度的蓝色和黄色，分别展示了两种饮料产品。虽然都是饮料类，但是给人的感觉却是不同的。

冷与暖网页的配色方案

二色搭配　　　　　　　三色搭配　　　　　　　多色搭配

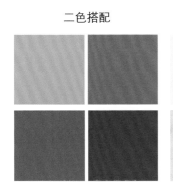

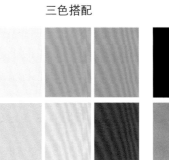

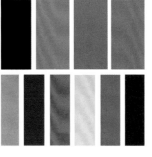

网页色彩的轻与重可以理解为色彩的纯度或色彩的明暗度，这主要是因为色彩的轻与重在于给人们的视觉感受，是一种视觉上的鲜艳度。

1. 网页色彩轻与重的构成特点

颜色参数：

C: 1%
M: 12%
Y: 14%
K: 0%

- 这种明度高、纯度低的背景色，可以给人一种明快、清晰的视觉感受。如上图中灰色的色彩基调配色会给人一种柔和、舒服的感觉。

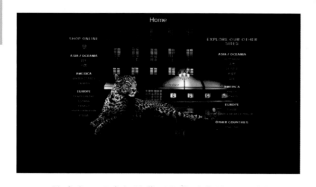

颜色参数：

C: 98%
M: 98%
Y: 73%
K: 67%

- 纯度高、明度低的背景色有时会给人一种奢华感。如上图将明度高的颜色置于中间，可以突出重点内容，使页面层次分明。

颜色搭配：

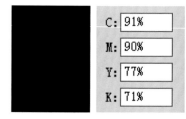

C: 91%
M: 90%
Y: 77%
K: 71%

- 当色调统一时，可利用颜色明度的不断变化，为页面营造出一种强烈的空间感。如上图使用黑色作为主色调，使用不同纯度的颜色在页面内进行分割，彰显了页面的大气时尚。

2. 网页色彩的轻与重在设计中的常用配色方案

色彩轻的颜色搭配可以应用的领域：女性产品类的网页设计。

色彩重的颜色搭配可以应用的领域：电子产品类、男性产品类的网页设计。

3. 网页色彩轻与重的常用表现方式

作品为中明度的色彩基调，但是纯度都较低，将其使用渐变的方式混合在一起，满屏式的构图方式又为画面营造了舒展、延伸、富于想象力的感觉。

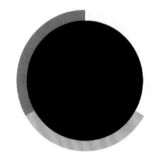

低纯度色彩的搭配，为页面营造了安然、稳定的视觉感受。黄色调的小模块配色给用户留下了深刻的印象。

4. 网页色彩轻与重中的重色调搭配技巧

网页中给人感觉重的色调除了可以应用于科技、男性等产品中，也可以作为页脚或色彩搭配中的底部，让人们在浏览网页时觉得网页底部很重，上面很轻，这种搭配符合人们的视觉感受。

色彩搭配：

　　色彩的轻重依赖于不同颜色的色彩刺激，使人有一种对色彩轻重的心理感受。轻重感觉的主要因素是明度，即明度高的色彩让人感觉轻，明度低的色彩让人感觉重。其次是纯度，在同明度、同色相的条件下，纯度高的色彩感觉轻，纯度低的色彩感觉重。

关键色：

色彩印象：

　　黄色和灰色也是一种有彩色和无彩色的搭配，两种颜色营造出优雅、舒适的视觉效果。

支一招：

　　使用这种灰色调使页面整体的配色给人一种明亮、温和的感受。

　　使用这种轻明度的色彩基调，不温不火的配色方式给人一种踏实、稳重的视觉感受，同时又减少了画面的凌乱感。

　　页面使用人的形象作为视觉重心，不仅展示了产品的主题，也提高了页面的识别度。

　　页面中的文字虚实结合，空间感十足。文字以大面积的方式展示于页面，这样的设计可以增强文字的信息传播力。

轻与重网页的配色方案

二色搭配　　　　　　三色搭配　　　　　　多色搭配

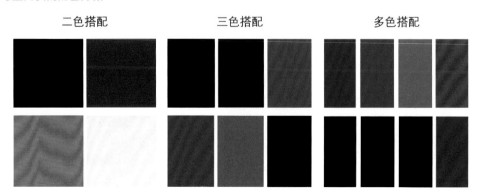

色彩的中色调具有压力和重量感，这与色彩的感知度有关，需要选择合适的颜色来表现产品给人的视觉冲击力。

关键色：

色彩印象：

绿色让人联想到生机勃勃、清爽宁静的景象，给人一种松弛、放松的感觉。绿色又可以缓解视觉疲劳。

支一招：

黑色的背景有种放大的特性，又可以给人留下深刻的视觉印象和无限的想象力。

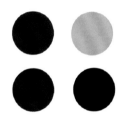

这个页面的构图、背景和前景给人一种层次感，又能突出前景想表达的重点内容。

使用相对背景来说明度较高的绿色，这种黄绿色有种知性、明快的感觉，与标签给人的感觉相符。

主题都是选择纯度高、明度低的颜色，给人一种神秘的美感。然后通过明度高的绿色点亮整个页面。

轻与重网页的配色方案

157

07

网页的色彩情绪

二色搭配	三色搭配	多色搭配

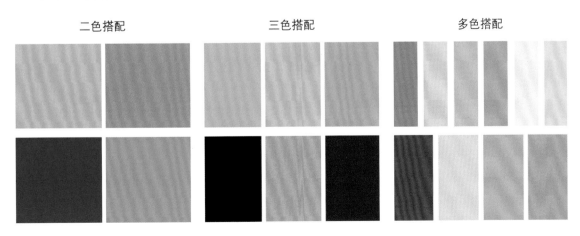

网页色彩的柔与硬是一种人们对颜色给予视觉刺激的感受，根据不同的产品可以通过颜色的色调、纯度、明度加以合适地搭配，又或者结合图形的形状可以表现出颜色的柔与硬。

1.网页色彩柔与硬的构成特点

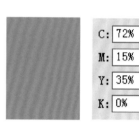

颜色参数：

C:	72%
M:	15%
Y:	35%
K:	0%

- 对于颜色的柔与硬不是单纯指颜色的纯度、明度等变化，低明度的颜色给人的感觉不一定是硬的。如上图中蓝色的文字，并没有给人很硬朗、沉重的感觉，而是给人活泼、柔软的感觉。

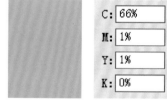

颜色参数：

C:	66%
M:	1%
Y:	1%
K:	0%

- 在表现颜色时与图形相结合，可衬托出产品应有的特性。如上图同样是蓝色系，四边形的形状与蓝色相结合，可展示出颜色给人的视觉冲击。

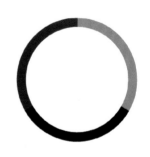

颜色比例：

- 当色调统一时，利用颜色明度的不断变化，可为页面营造出一种强烈的空间感。如上图使用黑色作为主色调，使用不同纯度的颜色在页面内进行分割，彰显了页面的大气时尚。

2.网页色彩的柔与硬在设计中的常用配色方案

柔性色彩的颜色搭配可以应用的领域：女性产品类、儿童类的网页设计。

硬性色彩的颜色搭配可以应用的领域：电子产品类、宣传类的网页设计。

3. 网页色彩柔与硬的常用表现方式

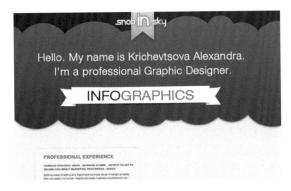

　　蓝色的搭配是没有禁忌的，和不同纯度的颜色搭配，整个页面衬托出一种清爽的感觉，又加上曲线的构图方式，柔性的蓝色使整个页面显得更加醒目、活泼。

　　这是一个宣传类网页的设计。黄色和黑色的搭配对比非常强烈，有很强的视觉冲击力，容易引起人的注意，页面中的光点展现了一种强烈的视觉感，使用黑色的马达起到了一定的平衡和调和的作用。

4. 网页色彩柔与硬的柔色调应用技巧

　　一般来说，网页的背景色应该是柔和一些、素一些、淡一些的，使人看起来自然、舒畅，可以大大提高浏览网页的速度。

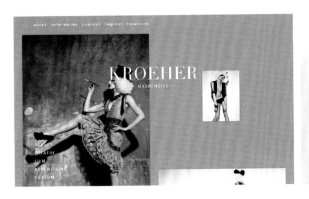

轻的色彩给人膨胀的感觉，重的色彩给人收缩的感觉。

关键色：

色彩印象：

　　绿色给人一种放松的感觉。粉色是红色系中明度比较高的颜色，将明度高的颜色融合在一起，反而显得更加协调。

支一招：

作品用色简单可以使用户的视线更加集中。

　　轻的色彩可以给人膨胀的感觉，从绿色到粉色再到白色，纯度越来越低，使页面突出白色部分的内容，以吸引读者的注意力。

　　当我们看到一个圆圈时，会不自觉地产生一种寻找圆心的强烈感觉，使浏览者将注意力集中在圆心。

　　用不同纯度的绿色和粉色作为页面的主色调，采用渐变的方式融合在一起，使画面给人一种轻松、愉悦的视觉印象。

柔与硬网页的配色方案

二色搭配　　　　　　　三色搭配　　　　　　　多色搭配

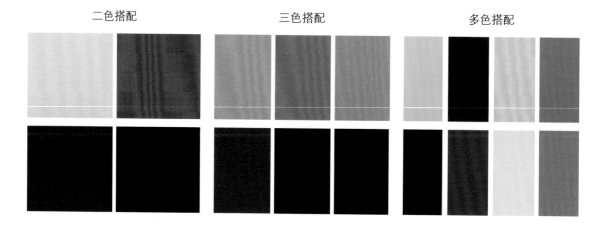

色彩的软、硬感主要来自色彩的明度，与纯度也有一定的关系，明度越高，感觉越软，明度越低，则感觉越硬。当面对一些产品需要时，我们可以使用色彩柔与硬的结合来吸引浏览者的注意力。

关键色：

色彩印象：

　　水青色给人一种柔和不张扬的清爽感觉，加上粉红色的点缀（粉红色是女性的颜色），使整个页面流露出女性独有的甜美和可爱。

支一招：

　　色调统一、色彩和谐，可使页面显得更加鲜艳、新颖。

　　用飘带作为导航栏的背景图形，使页面具有独特性和动感，吸引浏览者的注意力。

　　白色流动的形状使页面充满活泼感，灰色为白色的形状增添了立体感。

　　作品颜色清新、淡雅，突出了页面的优雅和别致。颜色方面给人一种软的感觉，缓解了视觉上的紧张感。

柔与硬网页的配色方案

二色搭配　　　　　　　三色搭配　　　　　　　多色搭配

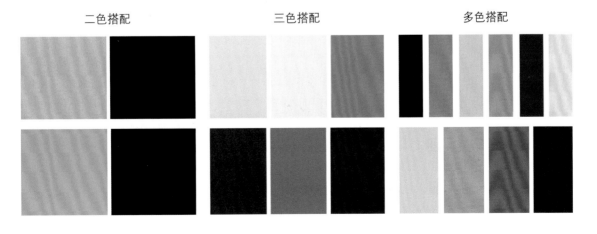

161

07

网页的色彩情绪

色彩的前进、后退感除了与波长有关，还与色彩对比的知觉度有关系。色彩的前进、后退感形成了距离上的错视感，在设计中用来加强画面的空间层次。通过色彩表现出的前进、后退感是色彩设计者越来越感兴趣的课题。

1. 网页色彩前进与后退的构成特点

颜色搭配：

- 明度高的颜色具有前进感，明度低的颜色具有后退感。如在上图中，背景使用明度低的棕色，文字使用明度高的绿色，突出了页面中文字想表达的重点内容。

颜色搭配：

- 色彩的前进、后退是一种广泛应用的技巧。对于简单的设计来讲，在用色方面如果使用颜色前进与后退的对比效果，可以使画面具有空间层次感。如上图中的黑色具有后退感，与粉色完美地融合在一起。

颜色搭配：

- 波长较短的色彩，如蓝色会给人一种后退感。但是如果通过适当更改，搭配了合适的明度和纯度的颜色，便可表现出想要突出表现的内容。

2. 网页色彩的前进与后退在设计中的常用配色方案

色彩的前进感可以应用的领域：产品类的网页设计，用来突出产品的重点内容。

色彩的后退感可以应用的领域：文学类的网页设计，用来融合页面中的内容。

3. 网页色彩前进与后退的常用表现方式

作品中美食颜色的纯度比较高，高纯度的颜色使页面看上去健康、充满活力。画面中美食部分产生了前进感，背景部分产生了后退感，主次分明。

 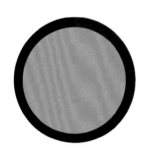

该网页为低明度的色彩基调，深色调的配色方案给人一种冷静、理智的视觉感受。页面中的明暗对比效果使页面的层次更加分明。

4. 网页色彩前进与后退的应用技巧

在网页设计中我们如何做到能很好地利用色彩的前进感与后退感呢？当想宣传某一个产品时，可以使用色彩的前进与后退的对比效果来达到使人印象深刻的目的。

色彩的前进与后退在设计中是非常重要的，人们在以同一距离观察事物时，色彩给人的前进与后退的感觉可以影响人们对内容的关注度。

网页色彩搭配宝典

07

164

关键色：

色彩印象：

紫色是一个引人注目的颜色，给人一种神秘又温柔的感觉。

黄色冲击力强，突显了产品的活力。

支一招：

倾斜的色块和文字可以为画面增加动感。

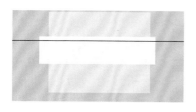

页面中使用中心构图的方式，构图严谨、条理清晰，使用户完整地了解到产品的内容信息。

黄色作为视觉中心，可以吸引浏览者的注意力，从而起到引导消费者的作用。

该页面中的颜色纯度比较高，与饮料给人一种清爽活泼的感觉相吻合，还与页面中产品的主题相互呼应。

前进与后退网页的配色方案

二色搭配　　　　三色搭配　　　　多色搭配

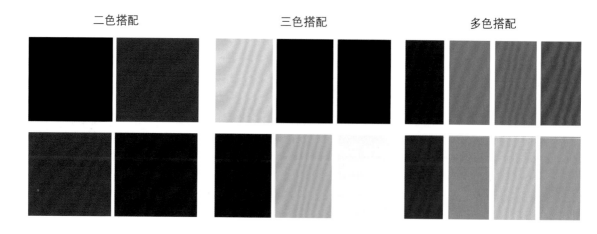

色彩的前进与后退通过颜色的各个特性表现出来，结合色彩在页面中所占的面积，表现出颜色在页面中所要表达的地位，从而打造具有空间感的效果。

关键色：

色彩印象：

　　天蓝色给人一种宁静、开阔的感觉，具有缓解紧张情绪的作用。
　　青色给人一种淡雅、轻薄的感觉。

支一招：

当所要表达的内容清晰明了时，我们可以选择一些简单的构图模式来表现想表达的内容，这样的构图方式会让浏览者有一种熟悉感。

上文提到在页面中颜色所占的位置体现了内容的重要程度。在这个页面中使用平均分割的方法分割页面，使人们直观地了解到文字和图片想传达给浏览者的内容。

图片中的蓝色部分给人一种后退感，相对蓝色来说，明度比较高的绿色能使文字显得更为突出。

使用图文结合的方式可让用户观察到自己想观察的内容。

前进与后退网页的配色方案

165

网页的色彩情绪

二色搭配	三色搭配	多色搭配

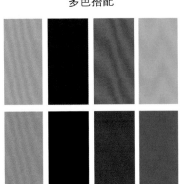

网页的色彩是树立网站形象的关键因素之一，网页中颜色搭配是很重要的，因为不同颜色会给浏览者不同的心理感受。在颜色中有标准色和个性色两种，标准色是指不能通过其他颜色混合调配而得到的基本颜色，而个性色一般是指由两三个任意颜色相互混合而成的颜色。在网页设计时，我们要根据产品的特性对网页进行相应的颜色搭配。

1. 网页色彩的标准与个性的构成特点

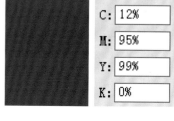

颜色参数：

C: 12%
M: 95%
Y: 99%
K: 0%

• 在设计时应考虑产品给人的感受，在网页中选用相对产品来讲搭配和谐的颜色，使网页上的内容重点突出，给浏览者一种熟悉感。如上图中红色是标准的颜色，使用在页面中会引起视觉的强烈刺激感。

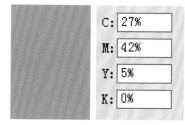

颜色参数：

C: 27%
M: 42%
Y: 5%
K: 0%

• 在设计时要根据产品的特性选择搭配页面的颜色，有时候标准的颜色不能满足页面的搭配需要，所以要使用混合或者吸取产品的颜色用于网页设计。如上图使用与左边图片相符合的颜色，给人一种和谐的感觉。

颜色搭配：

• 统一色系的色彩，除了标准色，剩下的颜色都是后生成的。当纯度正常的颜色和纯度较低的颜色组合在一起时，就形成了标准色和个性色的组合。如上图使用了两种绿色将产品完整地诠释出来。

2. 网页色彩的标准与个性在设计中的常用配色方案

标准色彩的颜色搭配可以应用的领域：女性服饰类的网页设计。

个性色彩的颜色搭配可以应用的领域：文艺类书籍、电子产品类的网页设计。

3. 网页色彩标准与个性的常用表现方式

这是一个饮用水的网页设计。淡淡的天蓝色具有镇定作用，可以缓解紧张的气氛，给人一种开阔的感觉。

这是一个宣传类的网页设计。红色作为页面中的主色调，白色作为辅助色，使整个页面干净、利落。

4. 网页色彩的标准与个性颜色搭配技巧

个性颜色搭配技巧和颜色搭配技巧其实很相似，只是看搭配出来的颜色是否会有一种特别的感觉。下面介绍几种色彩搭配的方法。

同一种色彩：指选择一种色彩后通过调整明度或饱和度，产生一种新的色彩，可以使网页看起来有层次感。

同一个色系：指给人的色彩感觉，例如淡蓝、淡黄、淡绿等。

网页设计中的颜色是用来装饰画面的。颜色可以表现出主题是否鲜明、思想是否能够被传达、画面是否有感染力等。标准颜色给人一种熟悉的感觉，使人们在浏览网页时有种舒适的视觉感受。

关键色：

色彩印象：

黄色的辨识度很高，大面积的黄色可以让人放松心情。

支一招：

网页设计中使用的字体样式要尽量控制在三种以内，太多的字体会使页面显得过于杂乱。

黄色和红色属于邻近色，两种颜色搭配其明度和纯度都比较相近，给人一种柔和舒服的感觉。

整个页面的色彩搭配就是，先选定一种颜色，然后适当地选取一些色彩进行点缀，使页面看起来不至于很单调。

作品中的文字使用了对齐的排版方式，使页面显得整齐、有规则；又使用了精致的底框，凸显了页面的品位。

标准和个性化网页的配色方案

二色搭配　　　　　　　　三色搭配　　　　　　　　多色搭配

个性的颜色有时候与产品的特性有关系，色彩受到周围元素的影响，会让人在视觉上产生变化，搭配其他合适的颜色，也会使画面看起来充满视觉冲击力。

关键色：

色彩印象：

使用深蓝色作为页面的背景色，在表现出具有内涵气质的同时，还有深入人心的力量。

玫瑰红色、蜜橙色、青色都是与原色纯度不同的颜色，明亮且给人一种清爽的感觉。

支一招：

使用文字分隔线可以将不同内容的文字进行清晰的分隔，以免造成视觉混乱。

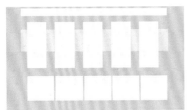

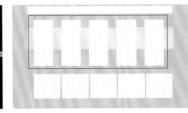

页面的整体布局严谨，图片与文字相互照应、关系密切、图文并茂、生动有趣。

页面中的导航栏比较简单，与网站主题相符，作品又没有过多的文字，增加了版面的可识别性。

作品空间感强烈，主题突出。中间的产品整齐、规范，这样严谨的布局使浏览者观看时有更加开阔的视野。

标准和个性化网页的配色方案

二色搭配   三色搭配   多色搭配

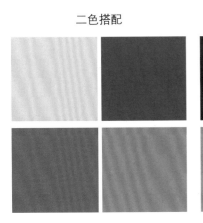

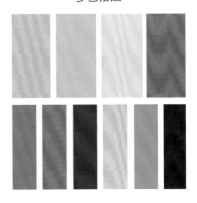

在众多色彩中，有些色彩会给人很深的印象，这可能是因为这种色彩给予人的感觉是平淡的又或是刺激的。不同的色彩搭配可能都会引起眼睛不同的感受，有些色彩的搭配会使人感到舒适，合适的色彩搭配可以提高阅读效率，减少对视力伤害。

1.网页色彩的平淡与刺激的构成特点

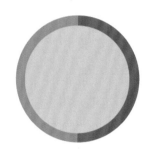

颜色搭配：

• 平淡的颜色给人一种简简单单的视觉感受。这种色彩搭配给人一种空灵的感觉，呈现出随意而自由的状态。如上图页面中颜色的搭配给人的感觉是缓和舒适的。

颜色搭配：

• 有些颜色搭配让人感到舒适，选择合适的色彩搭配可以提高网页传达信息的效率，减少视觉伤害，使人感到放松。如上图中的几种颜色搭配在一起让人感觉眼前一亮，同时红色又起到一定视觉吸引的作用，刺激浏览者的阅读兴趣。

颜色搭配：

• 合理的颜色搭配可以使颜色表现的内容重点突出。例如上图中白色和灰色是无彩色，使用黄色作为文字内容的背景，使人们将注意力集中到文字内容上。

2.网页色彩的平淡与刺激在设计中的常用配色方案

平淡色彩的颜色搭配可以应用的领域：儿童类、面膜类的网页设计。

刺激色彩的颜色搭配可以应用的领域：产品类、宣传类的网页设计。

3. 网页色彩的平淡与刺激的常用表现方式

这是一个卡通类的网页设计。页面中的色彩没有太大的跳跃性，差异小，这种色彩搭配可能让人觉得轻松，淡雅的颜色又使人觉得内容丰富。

这是一个宣传类的网页设计。黄色是一种能引人注目的色彩，也是一种对眼睛有刺激性的色彩，使用粉色和蓝色作为搭配色，可缓解视觉上的冲击力。

4. 网页色彩的平淡与刺激视觉的技巧

怎样可以刺激用户的视觉达到吸引人注意力的目的呢？我们单纯从颜色说起，颜色的搭配、面积等都会改变色彩对我们的视觉刺激。

颜色的搭配：

颜色的面积：

平衡性的配色会使页面显得比较平淡。色彩搭配一定要合理，这样才能给人一种和谐的感觉或者能够吸引人的注意力。要避免在页面中使用单一的色彩，这样容易造成视觉疲劳。同色系的颜色搭配可以起到平衡页面的作用。

关键色：

色彩印象：

　　绿色使人感觉平静、和谐，搭配同色系的深绿色可使页面显得淡雅。

支一招：

　　作品的留白可以使页面的空间感更强，使用有限的页面空间创造出更加宽广的视线范围。

　　作品使用纯度较高、明度较低的绿色系，两种颜色使整个版面看起来干净、整洁。

　　页面中的内容模块使用垂直式的分割构图法，用户滚动鼠标便可以浏览内容，比横向分割的画面更让人觉得舒服一些。

　　从页面的构图方式来看，垂直式的导航栏更方便用户的使用。

平淡与刺激网页的配色方案

二色搭配　　　　　　三色搭配　　　　　　多色搭配

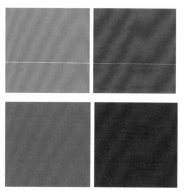  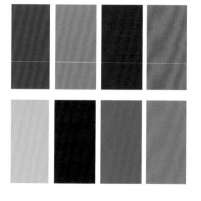

网页色彩搭配宝典

　　色彩面积的大小搭配对作品的色彩印象影响也很大，有时候甚至比色彩的选择更为重要，同样具有刺激视觉的色彩搭配在一起的时候，面积大的颜色对浏览者的视觉影响力更大。

关键色：

色彩印象：

　　黄色系给人一种温和的感觉，就像果汁给人的丝滑感一样。

　　蓝色系给人一种清爽的感觉，使人在浏览时心情舒畅。

支一招：

　　通过为不同的产品搭配相应的颜色，可避免造成浏览者的视觉混乱。

颜色的面积比例相差不大，使用极小的差别对比，比较醒目，但又不会觉得特别刺激。

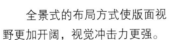

全景式的布局方式使版面视野更加开阔，视觉冲击力更强。

使用黑白照片作为图片素材的表现方式，灰色调可以平缓颜色给人的视觉冲击，又能使画面看起来更加精致。

平淡与刺激网页的配色方案

二色搭配　　　　三色搭配　　　　多色搭配

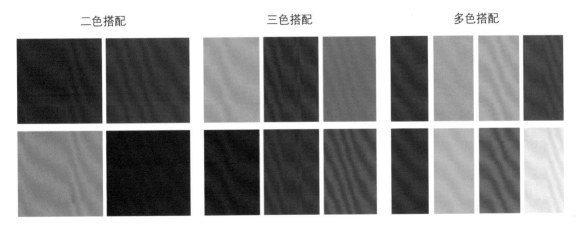

有些色彩会给人一种华贵感，如金色、银色等。有些色彩会给人朴实、雅致的感觉，如白色、灰色、蓝色等。一般纯度高的颜色显华贵，纯度低的颜色显朴实。明亮的色彩华贵，灰暗的色彩朴实。合理的色彩搭配可以表现出丰富的色彩情感。

1. 网页色彩朴实与华贵的构成特点

颜色搭配：

• 色彩的朴实感与纯度关系很大，有色系具有华贵感，无色系具有朴实感。如上图使用大量的灰色作为页面的主色调，给人一种淳朴素雅的视觉感受。

颜色搭配：

• 页面中相对内容的清晰度，也就是色彩的强弱对比会影响色彩带给人的情绪。纯度高的色彩具有华贵感，纯度低的色彩具有朴实感。如上图使用灰色调的色彩作为页面背景，衬托出产品的颜色。红色和紫色使页面显得高贵、大气。

颜色搭配：

• 有些特殊的颜色会使页面看上去时尚大气。如上图使用金色作为页面的主色调，通过线条表现出产品的特性，使页面具有空间感，与黑色的文字相结合，使画面产生一种华丽华美的视觉感受。

2. 网页色彩的朴实与华贵在设计中的常用配色方案

朴实色彩的颜色搭配可以应用的领域：家居类的网页设计。

华贵色彩的颜色搭配可以应用的领域：运动产品类的网页设计。

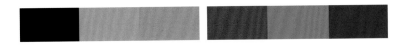

3. 网页色彩朴实与华贵的常用表现方式

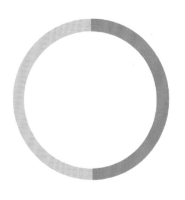

这是一个通知类的网页设计。作品中使用高明度、低纯度的粉色作为点缀，在灰色与白色的背景上显得时尚大方。整个页面色调柔和，让人有种赏心悦目的视觉感受。

这是一个商业类的网页设计。页面以蓝色为主色调，同类色的配色方案使页面远看上去色调统一，近看却是丰富的渐变色彩。利用颜色的变化使页面充满空间感。

4. 网页色彩朴实与华贵中华贵的表现技巧

在网页设计中有几种颜色天生就给人一种华贵的感觉，例如灰色、金色。当我们要展示一种华贵视觉的网页时，用上这两种颜色，页面会立马变得不一样。

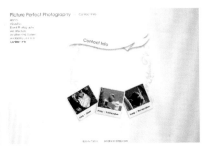

单个颜色不能全面地表现出页面的视觉感，所以要通过各个颜色的搭配来表现产品要传达给浏览者的信息，使人们第一眼浏览网页时就对其想传达的重点内容有了相应的了解。

关键色：

色彩印象：

　　金色给人华贵感，搭配更深的红色，可以使页面呈现出一种微妙的感觉。

支一招：

　　简单的页面构图可以减轻浏览压力。
中心构图的方式可以使视线更加集中。

　　将所展示的产品加上了黑色的图框，使整个页面具有空间感，又能突出产品的内容信息。

　　精致的导航栏，使浏览者眼前一亮，两边的飘带造型给人一种高端的视觉感受。

　　页面中的红色部分明暗面分明，使页面具有层次感和立体感。

朴实与华贵网页的配色方案

二色搭配　　　　　　　　　三色搭配　　　　　　　　　多色搭配

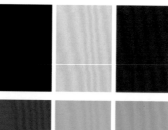

随着生活节奏的加快及生活所带来的压力越来越大，人们越来越喜欢简单、朴实的事物。网页设计当然会紧跟潮流。纯度较低的色彩使整个页面和谐统一，不会造成特别大的视觉冲击，使人在浏览网页的时候会感觉更舒适。

关键色：

色彩印象：

灰色是介于白色与黑色之间的色调，不同纯度的灰色会给人不同的感觉。

绿色调的颜色是一种放松的色系，充满了活力。

支一招：

页面中的信息不宜过多，要合理布局，以减少画面的凌乱感。

此页面通过使用鼠标的形式来表现导航栏，使整个页面给人的感觉都是新颖、独特的。

页面中的主色调和辅助色相统一，色调都比较柔和，给人一种赏心悦目的视觉感受。

页面中的主题文字通过素描的形式表现出来，独具个性，吸引浏览者的注意力。

朴实与华贵网页的配色方案

二色搭配　　　　　　　　三色搭配　　　　　　　　多色搭配

古朴和青春是设计色彩的两个方面，青春的色彩搭配给人一种富有活力、生机勃勃的感觉。而在当今世界，古朴又是一种时尚结合传统的搭配，越来越多的人开始喜欢古朴、复古的感觉。在网页设计中，我们应使用合理的颜色搭配，从而准确地传达出产品给人的感觉。

1. 网页色彩古朴与青春的构成特点

颜色搭配：

• 使用中明度的色彩基调给人一种纯朴、素雅的视觉感受。如上图，用奶黄色作为主色调，给人一种柔和、清淡的效果，容易与其他色彩搭配。

颜色搭配：

• 使用高明度、丰富的色彩基调，给人一种欢乐的气氛，就像青春给人的感觉，活泼又生动。如上图，使用多种明度、纯度都很高的颜色组成了人物素材，使画面有一种令人兴奋的感觉。

颜色搭配：

• 使用明与暗的对比，可使页面的重点突出，并使用一些色彩明度较低的颜色作为点缀，加深了复古的视觉效果，如上图中浅色的部分。边框使用棕色作为点缀，增加了页面古朴的感觉。

2. 网页色彩古朴与青春在设计中的常用配色方案

古朴色的颜色搭配可以应用的领域：文艺类的网页设计。

青春色彩的颜色搭配可以应用的领域：运动类、女性服饰类的网页设计。

3. 网页色彩古朴与青春的常用表现方式

作品为中明度色彩基调，其背景色古朴、低调，在前景中使用暗红色作为点缀，既增强了用户的记忆，又不会使页面有太多的视觉冲击。

作品的颜色丰富，背景色的纯度较低，这样的纯度对比更加突出色彩丰富的内容部分，也使得页面层次分明，主题明确。

4. 网页色彩古朴与青春中古朴色彩的实现技巧

通过增加一些修饰效果，使色彩给人一种古朴的感觉。

颜色与图案的结合

添加斑驳效果

古朴的色彩代表了人们怀念过去生活的一种情感需求，古朴已经成为一种新的艺术表现手法。古朴是设计师将设计的思想进行描绘的有效途径，是审美感知的升华，这种色彩搭配的设计使页面更具吸引力。

关键色：

色彩印象：

橘色给人的感觉是收获，也让人有振奋的力量，使空间颜色鲜明。

青色给人一种淡雅的形象，与橘色搭配在一起，醒目又和谐。

支一招：

整齐规范的布局可以使用户在使用时有更加开阔的视野。

同样地，规整的页面也会给人一种信任感。

使用蓝色作为导航栏的装饰色，给人感觉清新、淡雅，突出了页面的别致和优雅。颜色的纯度又较低，减轻了视觉上的紧张感。

使用三角形构成花边，并以小星星作为点缀和装饰，为画面增加了几分灵动的感觉。

使用标准的网页构图模式表达内容，使人们在浏览网页时有一种熟悉感。

古朴与青春网页的配色方案

二色搭配	三色搭配	多色搭配

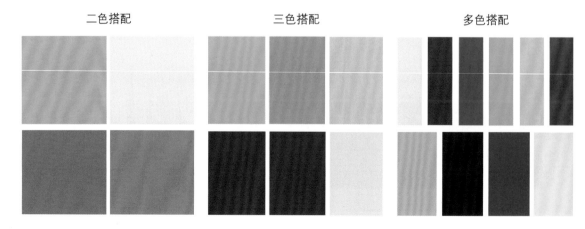

青春的色彩搭配主要使用明度高的颜色，通过缤纷的色彩给画面增添了一种灵动感，又使画面中的颜色形成强烈的视觉对比，使页面活泼而富有生机。

关键色：

色彩印象：

　　蓝色、绿色、粉色和黄色都是纯度高、明度高的颜色。使用蓝色作为背景，加上其他三种颜色作为点缀，使页面既丰富多彩，又不显杂乱。

支一招：

使用画框或其他形状的图形作为装饰，可以使画面更加精致。

作品中的元素都使用了立体图形，使页面空间感很强，元素也更显突出。

作品中的颜色丰富却不杂乱，色调和谐统一，在视觉上打造了一种平衡感。

页面中的元素使用卫星式的布局方式，视觉中心的独特造型和放大效果使人印象深刻。

古朴与青春网页的配色方案

二色搭配

三色搭配

多色搭配

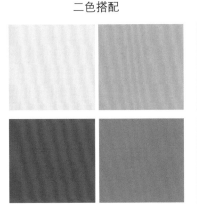

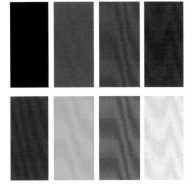

181

07

网页的色彩情绪

有很多因素可以影响色彩给人的感觉，色彩的兴奋和沉静就是其中最重要的因素之一。色彩的搭配会给人一种亢奋、欢乐的感觉，也会给人一种安静、沉寂的感觉。因不同的产品有不同的特性，所以我们需要对色彩进行相应的搭配，让人一眼就感觉到页面想要传达给人们的是兴奋还是沉静。

1. 网页色彩兴奋和沉静的构成特点

颜色搭配：

• 一些明度高的颜色可以表现出页面的活泼感，可以通过搭配一些造型来表现出页面灵动的感觉。如上图中的蓝色给人一种凉爽的感觉，曲线造型给人一种流线的动态美，使页面具有活泼感。

颜色搭配：

• 明度低的色彩搭配给人一种沉静的感觉。如上图中黑色和灰色的搭配利用了明暗色的对比，体现了页面的沉静感。

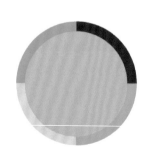

颜色搭配：

• 页面中的颜色丰富，明度和纯度都很高，这种配色方案使画面产生一种欢乐的气氛。

2. 网页色彩兴奋和沉静在设计中的常用配色方案

兴奋色彩的颜色搭配可以应用的领域：服饰类的网页设计。

沉静色彩的颜色搭配可以应用的领域：运动产品类的网页设计。

3. 网页色彩兴奋和沉静的常用表现方式

这个网页使用灰色作为背景，给人一种沉稳而认真的视觉感受，结合页面的倾斜感设计，极富创新意识。

这是一个扁平化风格的网页设计，主要使用形状作为页面布局的主要构成，良好的颜色搭配可以使页面看起来更有吸引力。

4. 网页色彩兴奋和沉静中图形与颜色结合的应用技巧

同一颜色添加在不同的形状上面，会呈现出不同的效果。就像在一个正方形中，将一条线都填充为红色，会发现正方形更具稳重的感觉；若圆形用蓝色填充，给人一种辽阔博大的感觉；若三角形用黄色填充，给人一种尖锐和刺目的感觉。当然，这也是相对来说的，只是想告诉大家可以针对相应的形状搭配相应的颜色来使页面展现出不同的效果。

　　为什么一说到沉静就能想起暗色调呢？这是因为暗色调（如黑色）会给人安静的感觉，所以我们在制作休闲类的网页时，可以使用灰色、褐色等暗色调来表现沉静的效果。

关键色：

色彩印象：

　　棕色调给人一种古朴沉静的感觉，这样的搭配充分体现了休闲场所轻松自在的气氛。

支一招：

　　在使用图片作为背景时可以添加模糊效果，制造出一种朦胧的感觉，使页面更具特色。

使用包围式的布局方式可使版面的空间感更加强烈。

使用白色的文字作为搭配，使整个页面给人一种高端的视觉感受。

使用圆形作为模块展示的图形，与页面给人和谐统一的感觉相辅相成。

兴奋与沉静网页的配色方案

二色搭配　　　　　　三色搭配　　　　　　多色搭配

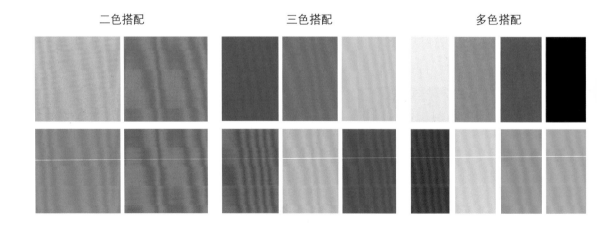

　　明快的颜色会给人一种兴奋的感觉，就像平时我们常见的红色可以让人觉得喜庆，黄色可以让人觉得朝气蓬勃，绿色让人想到大自然一样，这些颜色都会让人心情愉悦，在进行网页设计时我们可以合理应用，在保证页面不杂乱的基础上给人一种兴奋感。

关键色：

色彩印象：

　　以蓝色作为背景色，使用其他颜色作为点缀色，给人一种清爽的感觉。

支一招：

　　使用多种颜色进行色彩搭配时要注意颜色的比例，以免造成页面杂乱。

使用立体效果表现页面中的主题内容，使页面充满空间感，更形象、更立体。

飞扬的气球为页面增添了几分灵动感。

使用气泡形状作为文字内容的展示区域，使页面更具童趣，让人看着心情舒畅。

兴奋与沉静网页的配色方案

二色搭配　　　　　　　三色搭配　　　　　　　多色搭配

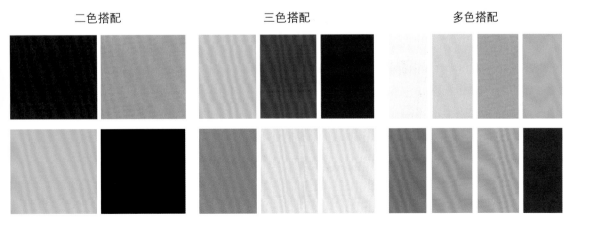

　　我们在设计化妆品和一些女性产品时采用的色彩搭配都会让人一看就知道这是一个关于女性的网页，同样，男性网页也是如此，这样的设计可以有目的性地吸引相对应的用户群体浏览网页，更具宣传性。

　　1. 网页色彩男性与女性的构成特点

颜色搭配：

　　• 提到能代表女性的色彩非粉色莫属，粉色可以给人一种柔美的感觉，就像女性给人的感觉一样。如上图使用深粉色作为页面的主色调，可以使整个页面展示出一种柔美的视觉感受。

颜色搭配：

　　• 尽量使用一些清爽、干净利落、干练的颜色表示男性的网页。如上图使用蓝色作为主色调，以深灰色进行搭配，给人一种男性绅士的感觉。

颜色搭配：

　　• 明度高的颜色让人感到色彩鲜艳，比较适合作为女性产品网页设计的主色调。建议尽量以红色系为主进行色彩搭配。

2. 网页色彩男性与女性在设计中的常用配色方案

女性色彩的颜色搭配可以应用的领域：色彩艳丽的颜色适用于很多女性产品，因为这样可以更好地吸引女性消费者的视觉注意力，大多数女性都喜欢鲜艳的颜色。

男性色彩的颜色搭配可以应用的领域：看上去充满干练气质的色彩可以应用于男性的服饰、生活用品类的网页设计中。

3. 网页色彩男性和女性的常用表现方式

这是一个化妆品类的网页设计，使用浅葱色作为主色调给人一种柔和不张扬的感觉。使用粉色作为点缀色，使页面中的化妆品更突出，更吸引人们的视觉注意力。

这是一个科技类的网页设计。使用男性模特与电脑进行同等展示，采用比喻的方法使人感觉到产品给人带来的一种干练智慧的气质。

4. 网页色彩男性与女性中图形与颜色结合的应用技巧

网页给人的感觉不能仅靠色彩来把握，还要依靠与图形的结合来表现视觉效果。例如，曲线造型结合鲜艳的颜色可以体现出页面中柔美的感觉；使用有纹理效果的四边形表达男性的装饰，更能表现出干练的气质。

网
页
的
色
彩
情
绪

灰色调的配色方案给人一种精致的感觉，这样的颜色作为主色调可以将男性的绅士感展现出来。

关键色：

色彩印象：

灰色给人一种理智、稳重的感觉，就像男人的气质一样。

支一招：

在需要表达很多内容的网页中我们可以适当地将字体变大或更改颜色来凸显重点内容。

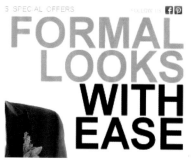

使用的字体都是有棱有角的，给人一种硬朗的感觉。

微笑的模特使人在浏览网页时有一种愉快的心情。

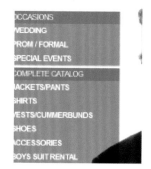

使用半透明的模块展示文字，为页面打造出一种层次感。

男性与女性网页的配色方案

二色搭配	三色搭配	多色搭配

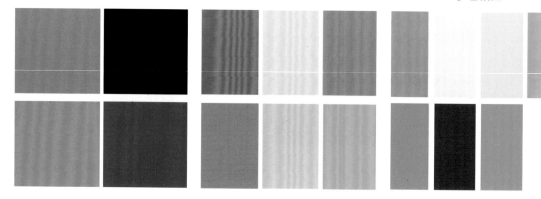

红色系的颜色可以给人一种柔美的感觉，让人很快联想到女性。例如，成语"红颜知己"就是用红色表现女性。

关键色：

色彩印象：

使用橘色给人一种振奋的力量，也可以起到点亮空间的作用。

支一招：

一些颜色在混合时可以添加红色，这样看起来也有一种柔美的感觉。

作品的色调统一，色彩和谐，符合女性柔美的主题。

使用立体效果将产品更加清晰全面地展示在人们的视线内，给画面增添了几分空间感。

使用居左对齐的方式，使页面看上去更加整齐，方便浏览。

189

07

网页的色彩情绪

男性与女性网页的配色方案

二色搭配　　　　　　三色搭配　　　　　　多色搭配

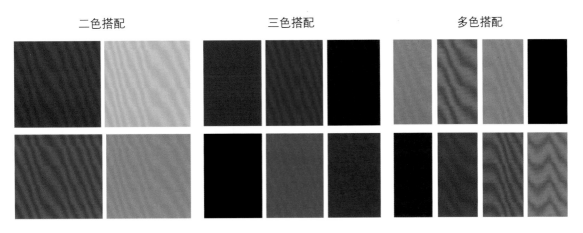

第8章

新潮的网页设计方案

随着网络越来越贴近人们的生活，网页的设计风格日新月异，这里我们将向大家介绍一些新潮的网页设计方案。

方案1：扁平化的极简主义风潮

扁平化风格可以说是当下非常流行的。去除了繁杂的装饰，形成了极简主义的界面。极简主义简约而不简单，其在功能的表达上都很全面。

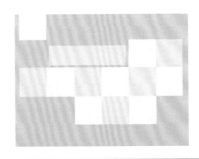

使用正方形看似将其自由地摆放，但是使整个页面在视觉上给人一种简洁大方的感觉。使用简单的图标样式做功能上的指引，为页面增添了几分趣味性。

蓝色和绿色属于邻近色，搭配在一起给人一种自然清新的感觉。

扁平化风格的页面一般使用的字体横平竖直，给人简洁大方的感觉。不要使用过于奇怪、花哨的字体，否则会使页面失去原有风格的独特性。

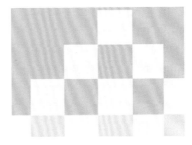

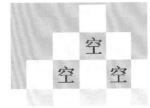

在页面中使用了一些模块，但并不是所有的模块上都有信息内容。使用文字和图片交叉的展示方法给人一种简洁大方的感觉。

页面中的背景给人一种神秘的感觉，但是使用明度高的颜色作为模块的颜色，会给人一种清新亮丽的感觉。

使用正方形的方式分割页面，但并不是很整齐地排列，而是穿插了一些空的位置，起到了留白的作用，这是一种新颖的设计理念。

方案2：错位排版的网页布局

在网页设计中，古板的设计给人一种枯燥感，那么怎样才能设计出一个吸引人的网页呢？我们可以通过一些个性化的排版方式，如错位排版，用一些精致的背景点缀、奇特的形状和鲜艳的颜色为网页增添几分视觉吸引力。

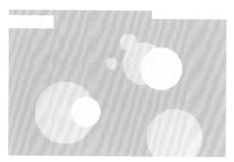

　　简单的错位排版，一些精致的背景点缀或鲜明的色彩搭配图形，能够给人一种层次感。

　　使用灰色和绿色搭配能给人一种干净清爽的感觉。

　　使用虚实结合的圆形和曲线的线条结合，可形成一种空间上的律动感。

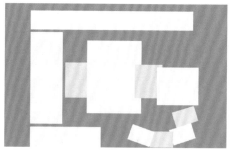

　　使用大小不同的图形可形成一种前后的层次感，然后将图片以随意的方式排版，使页面活泼又很整齐。

　　页面中无论是文字的排版还是圆形模块的摆放都是错落有致的，乱中有序。

　　使用鲜艳的颜色给人一种灵动活泼的感觉，与页面中想要表达的儿童灵动的主题相符合。

方案 3：以互动图表的方式展示信息内容

信息图表的应用在网页设计中越来越流行，因为它可以图形可视化的方式帮助用户快速地获取信息。它为用户提供了各种信息图表模板，如饼图、表格、进度条、树形图等。

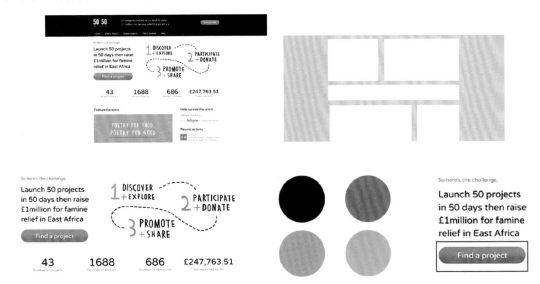

使用信息图表需要通过充分的设计语言来表达，打破常规的表达方式更容易吸引读者的眼球。

图表类的网页极其富有吸引力，但还是要留意颜色的搭配。使用明度比较高的嫩粉色和橙色作为搭配，有点亮页面的作用。

以椭圆的造型作为按钮，并使用渐变的橙色，使按钮有一种立体的感觉。

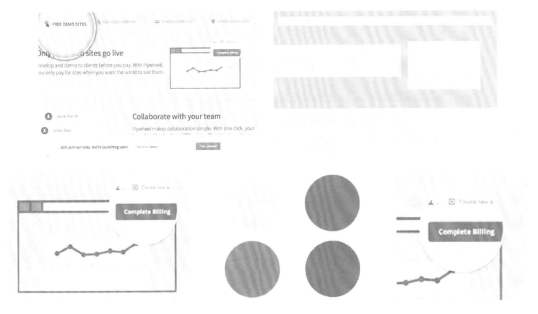

使用直线图的方式展示页面中的信息内容，能够让人一眼看清主题。

页面中使用蓝色和绿色作为表达信息图表的颜色。数据本身就是繁多的，使用蓝色作为主色调给人一种清爽的感觉。

在鼠标滑过的地方做放大处理，使人们能够清晰地观察到页面的信息内容。

用光效和质感装饰网页是指利用生动的色彩和光线，将页面设计的整体感进行升华。通过光效和质感也可以增加网页的空间感和神秘感。

使用不规则的图形添加更改纯度的效果，使页面中的光点似有似无，形成一种闪烁的光效。

使用更改透明度的方法，使页面中的文字可以显示出背景的颜色，形成一种渐变的效果。

使用颜色的渐变并添加模糊效果，使页面具有了光感，给人一种梦幻的视觉体验。

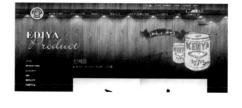

采用蓝色和灰色，通过改变颜色的纯度，并使用渐变将颜色表现出来。几种颜色的搭配给人一种金属质感。

为页面中的图标添加一些光效，可以使图标变得高贵靓丽。

使用木纹质感并添加一些射灯感觉的光效，使页面由亮到暗，给人一种空间层次感，又渲染出一种神秘感。

网格布局更多的是一种思维模式，它简化了人们对整个页面的认识，提高了可操作性，又使页面的布局给人一种整齐的感觉，这样有规律的排列使页面更精致。

使用矩形且不留缝隙的布局方式，每个矩形模块都有属于自己的内容信息。使用半透明的矩形置于图片上方用于展示文字，不影响整体性。

使用网格对页面进行布局时可以分别将文字和图片置于相应的模块中，给人一种内容上的条理性。

使用矩形，但不使用常见的矩形方块，而是使用棱形的方式布局，会使页面变得更独特。

使用三角形和矩形组成网格状，通过更改填充颜色，使页面呈现出一种立体感。

使用图片形成矩形网格时，如果没有文字说明，可以将图片之间留出缝隙，使图片清晰可见，不会有杂乱的感觉。

矩形是很好排列的图形，可以根据图片和文字的内容信息适当地调整矩形的大小，使整个布局和谐统一。

文字内容信息在网页设计中是不容忽视的重要组成部分，有时我们需要以整洁的文字来阐述内容，有时我们需要一些个性炫酷的文字来为网页提供一些吸引眼球的视觉刺激感。

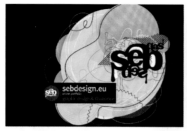

如何使文字变得炫酷呢？我们可以通过对文字进行一些变形，或者添加一些效果，使文字变得不一样。在这里我们通过将文字的底部做出滴水状的图案，使页面充满灵动感。

当然，一些用于显示正式信息的文字，我们通常要使用正常的文字，这样的文字会比较清晰，方便用户阅读，不会造成识别困扰。

使用三角形并通过更改颜色，形成明暗对比来进行文字的组合，给人一种炫酷感。

使用文字变形法设计图标时，将文字中的一部分使用其他图形代替，一方面可以与主题相符，另一方面又为文字增添了几分趣味性。

对文字进行变形设计时，可以根据主题进行变换，这样就有了设计灵感。可爱风格的网页用弧度较圆滑的形状，这里我们使用锯齿形给人一种恶魔牙齿的感觉，与页面主题相符。

通过文字和图形的结合，形成了眼睛的形状，加深了用户对页面的印象。

"幽灵"效果就是在网页设计中使用的正方形、矩形、菱形、圆形等都是没有填充颜色的，只有淡淡的轮廓。除了外框和文字，几乎都是透明的效果，给人一种神秘感。

使用黑色隐形框使页面形成了一种隐形的网格，当点击相应的内容时，会填充为白色，给人留下深刻的印象。

文字的颜色相对透明，给人一种神秘的感觉。

使用大图片作为背景时可以将文字置于页面中心，起到重点显示的作用。另外，页面中将幽灵感的边框置于屏幕中间也起到了相同的作用。

使用点的方式形成圆形作为页面中的边框，使页面更富有设计感。

页面中的图标都是用边框进行标识的，这样的设计使图标和背景完美地融合在一起。

使用线框的方式形成个性化的图标，这样的设计给页面增加了几分炫酷感。

黑白灰是永恒不变的经典，在各个设计领域都是流行的。当然，在网页设计中也不例外，黑白灰是表达含蓄内秀的典范。

黑白灰的设计虽然很经典，但是颜色相对来说比较单调，可以通过适当地增加背景的装饰来丰富页面。

可以将手绘图作为点缀，使页面更具有文化气息。

这个网页不单可以使用黑白灰的形式，也可以将页面进行去色处理，从而给人一种复古的感觉。

黑白灰线条的搭配会给人一种眼花缭乱的感觉，搭配纯黑色的矩形模块，使页面乱中有序。

黑色线条矢量图组成了一个密集式的图片，突破了设计的原创性。字体也与之对称，为上乘之作。

以深灰色、浅灰色作为主色调，与传统黑白灰的感觉不太一样，这样的设计传递出一种时尚感，页面中的大型文字、沉浸式的内容使整个网站架构十分清晰。

可以利用鼠标功能来对网页进行设计，这样的设计使网页更具互动性，使页面产生动感，可以更好地吸引用户的视觉注意力。

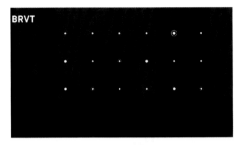

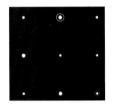

这个网页在背景上又加了一层灰色的背景，并加上了圆点。在页面打开时，这些圆点会不规则地闪动，给人一种灵动感。

当鼠标经过相应的圆点时，圆点会变成"播放"按钮，这样互动式的按钮形成了一种视觉变化。

同样，当鼠标经过圆点后会发射四条线，形成一种发散性的视觉引导，给视觉造成了刺激感。

08

新潮的网页设计方案

在页面底部显示出一个翻页标志的按钮，当鼠标点击后会产生页面的内容变化。这种变化给人一种神秘感。

切换页面时，前面的网页会以百叶的形式渐渐消隐，别具风格。

当鼠标经过相应的导航标题时，有画线处理，增强了页面的互动性。

方案 10：去界面化的设计方法

　　去界面化就是指去掉容器类的表现方法，例如方块、边框、形状等，用于将内容与页面中的其他内容分离开。所以就出现了这样的设计趋势，即去除所有这些额外的界面元素，给人一种简洁大方的视觉感受。

　　页面中使用大图片作为背景，前面使用不规则的文字，使页面显得大胆随意，活泼有动感。

　　将物体本身的形态摆放在页面中，不需要任何模块进行装饰和承载。使用白背景作为铺垫，也让页面看起来不杂乱。

　　根据页面的比重和颜色的感觉，选择在页面的右侧放置文字说明，使文字与页面合为一体。

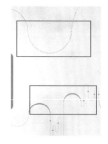

　　自由的排版模式，没有边框和模块的限制，文字和图片也使用穿插的方式组合，使页面更具层次感。

　　这些用于点缀的线条使页面充满动感，就像吉他产生的音符一样，给人一种律动感。

　　页面中的文字使用不规则、双层、模糊的表现手法给人一种神秘、不受拘束且活泼的感觉。

一屏以内显示信息内容，不是指页面不会有链接和跳转，而是指使用一个屏幕将主题内容全部展现在人们的视线中，一目了然。当用户需要相应的信息内容时，点击相应的模块即可链接到相应页面。

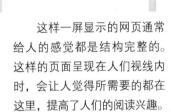

这是一个扁平化风格的网页设计，但是在设计中使用了一屏显示的方法，将想要显示的内容种类以色块的形式展现在用户的视线里，整个页面给人清晰、干净的感觉。

页面中使用的都是纯度比较高的颜色，这样的颜色给人一种充实感和安全感。

这样一屏显示的网页通常给人的感觉都是结构完整的。这样的页面呈现在人们视线内时，会让人觉得所需要的都在这里，提高了人们的阅读兴趣。

上图为美食类的网页设计，这样完整的构图模式向人们从头到尾全面地展示了相关的内容信息。

黑色和红色的搭配给人一种个性十足的感觉，在大面积的黑色背景下，红色的文字还能起到醒目的作用。

这是一个以大图片作为背景的网页设计，使用图片进行主题内容信息说明，使用文字进行辅助说明，让人一眼就能了解到页面的主旨信息。

方案 12：隐藏的导航栏模式

导航栏是网页的重要组成部分，可以帮助用户快速跳转到某个特定的页面。常规的导航栏位于页面的顶部或两侧，有时导航栏的出现会影响页面的整体效果。如果想让自己的网页对用户有吸引力，可以从"互动"的方式入手，为导航栏增加一些互动操作，例如将网页中的部分元素隐藏，通过特定的操作显示出导航栏。

 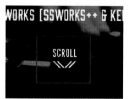 

使用隐藏的菜单栏可能会让人在对页面产生好奇心的同时，也会有迷茫感，所以页面给人的第一眼要有一定的吸引力。大型的文字会给人一种视觉冲击力。

通过对页面的点击按钮操作可以使页面跳转，这样明确的符号对用户的操作有指引作用。

点击相应的菜单按钮，会弹出新的显示导航栏的页面，这样的设计既满足了第一页显示内容信息的全面性，又提升了一定的设计感。

点击导航栏按钮，弹出相应的导航栏页面，这是从侧面弹出的不影响主页面的显示方式。可以根据点击导航栏上面的相关按钮挑选自己需要的信息。

页面的设计简单，增加几条斜线，通过对页面的滚动操作，斜线若隐若现，为页面增添了几分动感。

光标没有经过的时候都是正方形的造型，当光标经过相应的模块时，变成菱形并显示相应的菜单内容，既有装饰性，又有实用性，一举两得。

复古风格是吸引人眼球的一种最新的网页设计的方式。在众多潮流的网页设计中，复古风格别有一番风味，它是对记忆中的美好表达敬意的一种方式。

使用这种斑驳的纹理，不仅丰富了页面背景，还为页面增添了一种复古的感觉。

使用竖排的书写方式进行文字排列，让人自然而然地联想到古代，使页面的文化气息更浓厚。

使用灰色系作为页面的主色调，给人一种沧桑感，让页面体现出一定的文化底蕴。

08

新潮的网页设计方案

页面中的背景图片装饰主要以木纹为主，木纹可以给人一种复古的质感。

浅灰色给人一种中庸、高雅的感觉，作为背景可以提升整个网页的气质。

使用斑驳感的素描植物增添了网页的复古感，这样的设计不失为网页的点睛之笔。

细节个性十足可以表现在颜色、字体、浏览模式等方面，而不是整个页面都充满个性。细节上的设计使页面给人一种细致入微的感觉。

页面都是以字母的一部分呈现的，这样的设计可增加人们的好奇心。

当字母聚到一起时，虚线和实体相结合的设计方式使页面产生了一种虚实结合的意境。

以黑色作为背景，可以使页面有一种被放大的感觉，使其他颜色更容易引起读者的注意。

使用点、线、面装饰的页面充满动感。

页面中的导航栏以蓝色为背景，给人一种清爽的感觉，缓解了主页面黑色给人带来的沉重感。导航栏上的相关菜单使用蓝色作为下划线，使整个导航栏给人一种清新亮丽的感觉。

上下两个模块使用不同的纹理作为背景，使模块在显示过程中产生对比，打造出了个性的浏览模式。

小清新是一种以清新为美的风格，受到众多年轻人的追捧。小清新都是秉承淡雅、自然、朴实、超脱、静谧的特点而存在的，多以明亮的颜色为主，营造出一种清新、唯美的氛围。

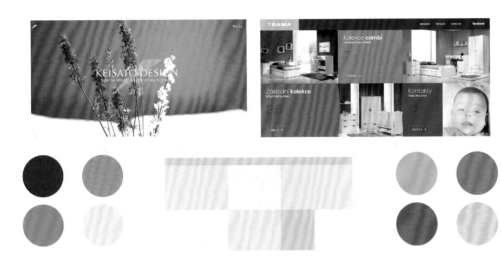

　　页面中使用清新亮丽的颜色搭配，给人一种视觉上的舒适感。

　　这是一个扁平化的网页设计，这种结构搭配清新的颜色给人一种放松的浏览体验。

　　使用明度高的颜色让人看上去有一种视觉上被点亮的感觉。

　　粉色给人一种柔美的感觉，淡黄色给人一种温暖的感觉，蓝色给人一种清爽的感觉，几种颜色搭配在一起，使页面和谐统一。

　　使用波浪的形状作为边框的修饰，这样的设计给人一种活泼的动感。

　　蓝色和绿色都属于大自然的颜色，搭配在一起让人觉得天然又纯净，与食物题材的网页搭配恰到好处。

方案 16：使用细小的部分展现网页特色

一个设计感十足的网页，可以通过任何一个细小的部分来表现网页风格，从而吸引更多的目光，使网页更具宣传力。

页面中的图标使用图腾作为装饰，使 LOGO 更加具有吸引力。

页面顶部使用挂坠作为装饰，使页面有一种帷幕被拉开的感觉，具有层次感。

将页面中的字体进行色彩和形态的改变，使整个标题文字充满个性。

在页面的底部设置类型分割线感觉的曲线，这样的设计使页面充满动感。

页面中的文字以曲线的形态呈现在人们的视线内，使整个页面和谐统一。

将中间的线条做细处理，使人们在看到标题文字的时候因好奇而产生思考。

页面中有留白空间的设计，可以很大程度上让浏览用户集中注意力，使页面的内容更加引起用户的关注。留白可以使空间没有那么拥挤，使网页清新亮丽，无形中提升了用户的好感度。

页面仅由文字和几条曲线组成，主要信息内容就是文字，其他剩余页面做留白处理，但这样并没有使页面看起来单调，反而通过曲线的设计给人一种灵动感和画面的延伸感。

页面中的实线和虚线相结合使虚线有了前后的层次感，并通过更改曲线的曲度使页面充满个性。

页面中使用留白来突出表现信息内容。文字通过不规则的排列方式吸引人的阅读兴趣。添加水墨感觉的图片使页面充满文艺气息。

新潮的网页设计方案

页面中使用了大量的留白处理，并且主要颜色是白色和灰色。使用白色文字并添加了阴影，使页面看起来没有那么单调。

使用较深的灰色让页面中的主题文字更加清晰，吸引了用户的视觉注意力。

页面中使用圆形作为图片展示的模块，并使用红色的花朵形状做重点提示。因为图片的颜色比较丰富，留白可以突出这种图片所展示的设计。

一些产品和网页宣传以图片为主，使用大图片进行内容信息的展示，这样设计一个合适的网页浏览方式是极其重要的。

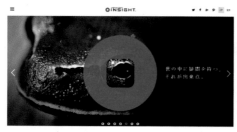 

页面中使用左右滚动的方式向人们清晰地展示了图片内容信息，通过鼠标单击箭头的方式可进行图片切换。

通过圆环的方式提示用户页面是通过左右滚动来显示图片的，除了当前页面之外还有其他内容信息。当单击相应页面时，圆环会变成蓝色，起到了提示的作用。

由于切换了图片，因此也要适当地更改文字的位置，使文字能够更加清晰地显示出来。

页面中使用矩形的形状展示图片，并没有完整展示，留给用户一种神秘感。

在页面中滚动鼠标便可以继续浏览其他图片，而不需要单击鼠标，使得操作更方便。

在页面中添加了朦胧感的滤镜，使图片显得没有那么清晰，增添了页面的神秘感。

方案 19：背景以大图趋小的方式搭配设计感文字

当使用大图片作为背景时，可以适当地将图片调小，将剩下的部位做其他设计，这样可以使页面的内容分类更清晰，也不影响图片的显示。

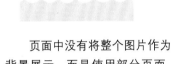

页面中没有将整个图片作为背景展示，而是使用部分页面，这样的设计使导航栏自成一行，清晰地显示在人们的视线里。

使用半圆形对页面上下两部分进行连接，使页面显得很和谐。

页面没有使用大图片作为背景，在左侧使用竖条作为标题字的显示位置，使页面文化气息更浓厚。

新潮的网页设计方案

在页面中使用图片作为背景，将透明的矩形置于其上，使页面具有一定的层次感。

将图片作为背景，并且四周留白，可以使页面的布局更具设计感。

主题文字的颜色使用页面中图片的颜色，使页面和谐统一。

方案 20：用强弱对比展示信息重点

使用颜色的明度和图像的面积进行对比，使重点内容更加清晰地显示在页面中。

当光标经过页面中相应的男女图片时，图片会放大并向前移动，清晰可见。

当光标经过相应的文字时，文字会变为红色，刺激人们的视觉感受。

使用模块拼接的方式将页面中的内容显示出来，通过更改模块的大小来表示页面信息的主次。

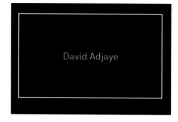

页面中使用线框显示主题栏，通过调整边框的清晰度来表示内容的显示状态。

页面中使用红色给人一种振奋的力量，同时可以点亮空间内的内容信息。

页面中不单使用红色背景来吸引用户的注意力，还通过更改模块的大小使用户判断内容的主次。